有六Q的女人最好命

YOU 6Q DE NVREN ZUIHAOMING

泡一杯香浓的咖啡,放一段舒缓的音乐,捧起这本书,
享受专为你打造的内外兼修的身心时间。

韩思思◎ 编著

中国华侨出版社

图书在版编目(CIP)数据

有六Q的女人最好命/韩思思编著.—北京:中国华侨出版社,2011.4
ISBN 978-7-5113-1032-3

Ⅰ.①有… Ⅱ.①韩… Ⅲ.①修养–女性读物 Ⅳ.①B825-49

中国版本图书馆 CIP 数据核字(2011)第 035283 号

有六 Q 的女人最好命

编　　著 / 韩思思
责任编辑 / 尹　影
责任校对 / 李向荣
经　　销 / 新华书店
开　　本 / 787×1092 毫米　1/16 开　印张/16　字数/320 千字
印　　刷 / 北京建泰印刷有限公司
版　　次 / 2011 年 6 月第 1 版　2011 年 6 月第 1 次印刷
书　　号 / ISBN 978-7-5113-1032-3
定　　价 / 28.00 元

中国华侨出版社　北京市朝阳区静安里 26 号通成达大厦 3 层　邮编:100028
法律顾问:陈鹰律师事务所
编辑部:(010)64443056　　64443979
发行部:(010)64443051　　传真:(010)64439708
网址:www.oveaschin.com
E-mail:oveaschin@sina.com

前　言

命运对人生是神秘的，因为它是未来。命运对人生是欣慰的，因为它是精彩。命运对人生是惊喜的，因为它是奇迹。

命运，是一个人要用一生去走的路；命运，是一个人要用一辈子去完成的作业。只是命运充满了玄机，永远无常，永远难料。我们无法知道自己的明天在哪里，甚至不知道下一秒会发生什么。

命运，又是可以掌控的，因为命运的方向盘掌握在每个人自己的手中，去决定驶往哪个方向。女人也会有自己的好命，但好命并不是坐享其成的，而是需要经营，需要修炼，需要拥有一个个提升命运层次的商数：智慧商数（IQ）、情绪商数（EQ）、爱情商数（LQ）、理财商数（FQ）、抗逆商数（AQ）、道德商数（MQ）。

这些商数看似陌生，又很熟悉，像一套八卦掌，打出去，漂亮流畅、浑然天成，但将一招一式分离开来，又暗含玄机。

智慧商数（IQ）。智慧是女人最大的财富。女人有十分美丽，但如果远离智慧，将失去七分内蕴。美丽无法保鲜，智慧却可以永久。智慧的女人有自己的思想、智力和能力，能吸引真爱，能让家庭美满幸福，也能让自己功成名就。

情绪商数（EQ）。女性控制负面情绪并不容易，所以能控制自己情绪的女人难能可贵，也会比较容易成功。就好比平和温柔的女人，能找到自己的幸福。因为她们无害，而且是适度的38度。38度女子，热情而不激情，平和却不冷漠。

有六Q的女人最好命

在情感、事业、修为之间都可张可弛，活得向上却不张扬，温暖自己也温暖别人。

爱情商数（LQ）。上帝把世界交给了男人，把家庭交给了女人。爱情和婚姻，是女性命运里的又一道关口。感情生活不顺，好命就成了奢谈。于爱情，女人的本钱并不多，所以如何选择适合自己的人、过适合于自己的生活，是女性永远的命运试题。

理财商数（FQ）。只有在女人有了足够的金钱做后援的时候，她们的视野才会更开阔，对自己的人生才会有更多的自主选择。适度地创造财富，合理地打理财富，不要被金钱所役、所累应该是每个女性有意识的追求。

抗逆商数（AQ）。女人要学会在命运中成长，用自己的方式一点点长大。只有做到这一点，才能真正迎来好命的生活。AQ高的女人，当面对突然袭来的逆境之时，虽事先尚未知晓也毫无心理准备，但总会保持冷静的头脑去面对，找出应对之策。AQ低的女人，当面对突然袭来的逆境之时，则会畏缩、恐惧，成了命运的牺牲品。

道德商数（MQ）。女人要善良，但不要受骗。要包容，但不要懦弱。要热心，也要学会拒绝。这个世界，已经给女人太多的道德枷锁，即使无法挣脱，也要活出自我。

每个人的命运不是注定的，掌控命运的能力也不是与生俱来的。要经历一次次的蜕变，才能破茧成蝶，领悟命运的奥秘。要经历一次次千疮百孔的淬火，才能华丽转身，感受生命的云淡风轻。

经历过的，最能懂。未经历的，也要一一去体会。这本书就是送给那些经历过或是未曾经历过的女人，帮助你抚平伤痛，扫去心里的尘埃，也帮助你用积木一块一块垒起心中的那座城堡，建立属于自己的王国。稳住身形，立足你自己，将命运招式融会贯通。这，才是最重要的。

目 录

第一章　用智慧演绎精彩人生
——智慧商数（IQ）

> 智慧的女人，更善于经营命运，也更善于规划自己的命运。女人要美丽，更要有智慧。唯有智慧能重赋美丽，唯有智慧能使美丽长驻，唯有智慧能使美丽有质的内涵。女人用自己的智慧演绎着人生，创造着生活，也规划着自己的命运。

第一节　谁的命运都有 N 种可能

002　笨女人为小事烦恼，聪明女人为大目标用心
005　承认现实的不如意是一个人最大的力量源泉
008　年轻的你急需多见些世面
010　学会推倒一切，重新思考
013　不要以为年轻貌美就是你永远的资本

第二节　命好不好，全在于你经营人生的智慧

016　想一想 10 年之后的自己究竟要变成什么样子

019　工作没有好坏，能让你在现实中活得舒适就行

022　好命就是在正确的时间做正确的选择

025　无论结不结婚，都要做好退休规划

028　女人要做事业，同时也不能忽略家庭

第三节　打造你的"核心竞争力"，对抗命运的不可测因素

032　女人的升值、贬值与保值

036　不思进取当"绿叶"，就总是存在出局的危机

039　当代女性，时刻记得为自己积累

042　干哪一行，不等于你整个人就卖给了那一行

045　让周围的专业人士成就你

第二章　情绪波动往往决定人生起伏
——情绪商数（EQ）

> 有思想，便会有情绪。女人天生敏感，情绪更有多种，而情绪又牵引着人的行为，一个人的情绪可以决定你一生的命运。能控制好情绪的人，人生是平安的也是容易富足的。无法控制情绪的人，这一生注定了要大起大落，甚至误入歧途。一个女人，学会时刻控制自己的情绪，就能寻求真正的方向并支配命运。

第一节　亲和力是女人的天生优势

050　女人本色：快速与人搭起关系的六大技巧

053　让别人觉得你是自己人

056　尽量不谈回报地先为别人做点什么

059　朋友，也需要"使用说明书"

第二节　该清醒时清醒，该糊涂时糊涂

063　女人要"知趣"，万事留余地

066　不要让闲话乱了方寸

069　遇事有主意，让人感到你不可侵犯

072　笨女人是"精明"得让人难以接受的人

075　懂得在什么时候三缄其口

第三节　培养平和内敛的风格

079　急于表现自己，反而让人觉得底气不足

082　对别人的观点可以不认同，但一定要尊重

085　谈吐有禁忌，不该说的话千万别说

088　不做"火药桶"，受到触犯学会使用礼貌的武器

091　避免与人直接冲突，用"暗示语"解决问题

第三章　爱是一切的答案
——爱情商数（LQ）

> 对于女人，爱情有点像海洛因，一旦上瘾，便欲罢不能，无论精神还是身体都沉浸其中。女人，如果驾驭好了爱情，能进退有度、游刃有余，就会很幸福。能掌控好爱情的女人，她也能成功地经营好自己的事业和人脉。

第一节　比聪明女人漂亮，比漂亮女人聪明

096　女人要性感，但是爱情无关罩杯

099　什么样的女人最容易走进男人的心

103　不要选择与自己的出身有太大差异的男人做丈夫

105　如何让你心仪的男人关注你

108　保持适当的"神秘感",别让男人对你太有把握

第二节　在"爱"面前要保持从容平静的淑女姿态

111　再寂寞,也别为恋爱而恋爱

114　"灰姑娘"们,不要在成功男人面前乱了章法

117　如果一个男人开始怠慢你,请毫不犹豫地离开

120　无目的的付出不存在,谨慎接受男人的馈赠

第三节　不好的爱情是女人的一曲悲歌

124　择偶如择衣,最好的未必最适合你

127　坚决离开那个没有责任心的"9周半"男人

130　前情旧爱,断就断得清清楚楚

133　婚外情,对男人是调剂,对女人是劫难

第四章　会赚钱的女人想的和你不一样
——理财商数（FQ）

> 如果问:"一个人赚钱之后下一个动作是什么?"多数人会不假思索地回答:"花钱!"其实,会如此回答的人通常是还没有赚到钱的人。事实上,大多白手起家的人赚了钱之后的下一个动作还是继续赚钱。
>
> 现代社会中,理财已经成为现代人必备的基本常识。如何能在四十不惑之后拥有财务独立是每一个人的基本责任。以我们现在的收入水平及赚钱机会来看,"40岁之后仍然贫穷"是自己造成的。

第一节　金钱可以给你带来地位和安全感

138　面对金钱,女人要有正确的心态

139 明确人生方向的女性有财气
142 经济独立确立你在家庭中的地位
144 充实的钱袋可以使你按照自己的意愿生活

第二节 打好"家财"保卫战

148 从持家开始，锻炼理财的功力
152 不同的家庭模式，不同的理财方式
155 保险，买保障的同时也买个安心
158 有赚钱的本事，也要有花钱的水准

第三节 你为什么还是穷女人

161 使女人贫穷的五大原因
164 在自己熟悉的领域里"找钱"
166 女性最常见的理财误区
170 学会分开投资与生活

第五章 顺流逆流都是好人生
——抗逆商数（AQ）

每一个人都有超出自己想象的潜力，当超越了来自自身、家庭、社会的桎梏，将自己的"能量"尽最大能力释放出来，才算是真正地具备了人才的素质。女人的命运更是坎坷多变，有大自然的莫测风云，也可以是人际间的是非恩怨，所以，逆境常常可以把女人的精神摧垮，一次又一次地把女人推向深渊。但是，逆境也可以为女人提供意志的磨刀石、信念的冶炼炉、灵魂的再生地。与困难作斗争不仅磨砺了我们的人生，也为日后更为激烈的竞争准备了丰富的经验。

第一节 为生活中的烦恼和苦闷敞开一扇门

174 女人不是钢铁战士，容忍自己有脆弱的一面

176 受伤了，不让想象夸大事实

178 在情绪低落时如何进行自我调节

180 感觉孤单无助的时候积极与朋友接触

第二节 一池荷花两样情，需要改变的是内心

183 让女人事业失败的 5 个心理障碍

186 经常反思自己的固定模式是否合理

188 学会放手，不要等撞了南墙再回头

190 坦然面对成败，把注意力放在下一次

第三节 你终究会成为你想成为的那种人

192 你的心理暗示会诱导你的运气

194 不逃避艰辛，但不能在艰辛中变得麻木和迟钝

196 改变自己，适应现实环境

198 保持韧性，努力打造个人品牌

200 学会选择，人生没有回头路可走

第六章　人生处处是修行
——道德商数（MQ）

> 俗话说："小胜靠智，大胜靠德。"真正的成功女人，她们的道德修养一般都达到了很高的境界。很多女人的失败，并非是她们做事的失败，而是她们做人的失败、道德的失败。一切工作、事业上的成就，归根结底都源于她们做人的成功，高尚的道德必然形成高尚的品格，也就必然为她们带来了高尚的事业与高尚的命运。因此，要以高尚的道德来规范自己的行为，才能得到人生的乐趣、命运的精彩。

第一节　人生有多少错是自己造成的

- 204　在了解规则之前，不要贸然打破规则
- 206　无谓的攀比会把你推向烦恼的深渊
- 209　量入为出，享受有节制的快乐
- 211　背不动的"黑锅"，不要因为心软而忍耐
- 213　遇事稳住心神，"随大流"不是犯错的理由

第二节　你误了，也许你就悟了

- 216　有些事情是不能妥协的，迁就只能让伤害变本加厉
- 218　不随便拒绝人，也不随便答应人
- 220　别因为好奇而接近危险人物
- 223　无聊的事情，一次也不要尝试
- 225　别无选择时，也不能让自己一错再错
- 228　自尊与自爱，是女人好命的本钱

第三节　成功是最寂寞的坚守

230　合乎道德的决定永远是正确的决定

232　忠诚是最简单的处世智慧

235　公私分明，便宜就是是非的根源

236　即使在背后也不贬损他人

238　有仁慈之心，无论对谁都不能落井下石

第一章
用智慧演绎精彩人生
智慧商数（IQ）

> 智慧的女人，更善于经营命运，也更善于规划自己的命运。女人要美丽，更要有智慧。唯有智慧能重赋美丽，唯有智慧能使美丽长驻，唯有智慧能使美丽有质的内涵。女人用自己的智慧演绎着人生，创造着生活，也规划着自己的命运。

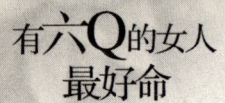

第一节
谁的命运都有 N 种可能

很多女子以平安、稳定为福,她们只有在自己熟悉的环境中,面对自己熟悉的人群时才会心安,对于陌生的领域,从来都是战战兢兢,不敢轻易涉足。平凡的女子之所以没有大的成就,就是因为她们不敢突破固有的、狭小的格局,其实人生有无限的精彩,只要你把命运的方向盘握在自己手里。

笨女人为小事烦恼,聪明女人为大目标用心

在我们的生活中,当很多小事情与一些真正重要的事情比起来,会显得荒谬、渺小。但却常常会有一些女人将自己的精力完全倾注在这种事情上,这种女人就是笨女人。笨女人,往往会活得很痛苦,折磨了别人也折磨了自己。

而那些懂得善待自己、珍惜自己的,知道去捡最大的西瓜而不是将注意力集中在芝麻上的女人,就是聪明的女人,聪明的女人往往是最快乐的女人,因为她们不会做得不偿失的事情。

想想,我们生活在世的光阴也不过短短几十年,如果因为小事牵扯而浪费太多的精力,该是多么昂贵的损失。而且,这些曾经无与伦比重要的事情,在时过境迁之后,似乎也并没有那么严重了。

心理学上有一个游戏,叫"时间歪曲":把目前所面对的情况,假想成不是现在正在发生的事,而是一年以后的事情,然后再问自己:"这个情况真的有我

所想的那么严重吗?"你会觉得,将目前正在发生的事情放在历史的长河中,似乎显得那么微不足道。

这个时候,无论你正在纠结于什么样的事情之中,是和丈夫使性子、和小孩进行拉锯战,还是和上司斗智斗勇,你都可以不在乎了。只不过是家庭生活的点缀、工作爱情的插曲而已,都可以忘却了,人生还很长,以后还会有更多类似甚至更为激烈的事情发生。我们以戏剧的夸张方式,把小事扩大成大事。我们忘了人生并没有我们所想象的那么糟糕。我们也忘了,当我们小题大作时,把问题放大的是我们自己。

而我们自己要做的、能做的,就是从这些烦恼中全身而退,转换新的情绪,和丈夫心平气和地沟通,和孩子简单平等地聊一聊,和上司也不必那么计较。因为幸福不是点状,而是一条长线。

毛毛恋爱了,恋爱的时候满面春风,期待新婚生活。可是真正住在一起后,才发现居家过日子是怎么一回事。往日的浪漫与好感因为彼此间不再有距离开始消失无踪。因为两个人的生活习惯有非常大的不同,她习惯每次做完饭的时候,将灶台收拾得干干净净,但是老公却总喜欢将饭盒随手扔在那里,拖很久以后才洗,甚至是到下一次做饭之前。她每次早上洗漱完毕,都会将面池里的牙膏残渣、细碎头发好好地清洗干净,但是老公却不是,每次她看到那些乱七八糟的台面就会心烦。最让她受不了的是,老公偶尔在家,无论吃完什么,晚上常常不刷牙,她闻到他身上的酒气烟味便会睡不着,更别说跟他亲热了。

她有强迫症,每次看到每次都会收拾,甚至是硬逼着他去洗漱,而老公的习性也难改,认为她有一些吹毛求疵,对于许多没有必要的小事总是会揪着不放,甚至上纲上线。渐渐地,老公在觉得自己似乎没有洗干净的时候,就会在另外一个房间睡,只为舒服一些,睡得过瘾。时间久了,分房睡似乎成了他们的习惯,她的身边总是空空的,半夜醒过来,异乡的城市总有一些寂寞。有的时候,她会轻轻地推开老公的房间,看到他四仰八叉地睡得很香,她心里就感到没来由地堵,为什么我失眠,你却可以安然入睡?于是就会故意将他吵醒,他是一个不拘小节的人,但偏偏不喜欢别人吵他睡觉,两人便会大吵。两个人的婚姻岌岌可危。

毛毛心烦,请了半个月的假,回到了遥远的老家,那里,爸爸妈妈和哥哥嫂子一起住。嫂子也是一个细致的人,总是看到她在不停地忙前忙后,给爸爸妈妈换洗床单被罩,给哥哥熨洗衣服,训斥小侄子顽皮贪玩。她总是不厌其烦地跟在全家人后面收拾残局,她都有一些看不过去了,但是嫂子还是笑眯眯的,任劳任怨,从来不说什么。

毛毛就问:嫂子,你何苦呢,让他们自觉一些,东西摆放整齐,你不就可以省点事了吗?干嘛一定要这么辛苦?

嫂子笑笑:爸爸妈妈年纪大了,一辈子的习惯,改不了的。你哥哥每天忙着在外工作,回家很累,想做什么就做什么吧。小侄子,现在不正在调教吗?我辛苦点没什么,最重要的是大家都开心,全家人热热闹闹的,不挺好的吗,干嘛非要用一些死板的教条束缚着呢?而且,我闲着也没事,多做点,还可以少生一些是非。而且,这些小事情,我骂他们的工夫也做好了不是?而且,我做的时候,他们不也跑前跑后,给我端茶、倒水、揉背吗?

毛毛豁然开朗,的确,嫂子心里想的是整个大家的和睦,从来不会因为生活的一些细节而伤心劳神。太在乎这些小事情,最终累的是自己的心,很有可能被压垮。一直以来,自己似乎都在一个陷阱里,将自己的要求凌驾于别人身上,还对别人颐指气使。两个人在一起,是为了能够好好地、幸福地生活,彼此互补便可以,何必要让对方完全受自己控制呢?不计较那么多,不追求那么完美,反而会幸福,只要一直为自己的大目标努力即可。

还有很多女人,总是过不了小事的坎,总是为一些所谓的小事烦恼,但是在大事面前,却又会表现得敢于担当、敢于付出、敢于冒险。不同的表现就是如此地集中在同一个女人身上,虽然很矛盾,但却很真实。这样的女人,不能简单地以笨或是聪明来划分,而是要提醒这些女人,要懂得适度。

大目标固然重要,并不表明对平时的细微小事可以完全忽略不计。生活中,也满是不会被大石头绊倒,却会因小石头而摔跤的例子。就好比一艘船,经得起惊涛骇浪，最后却会溃于蚁穴。专注于大目标固然很好，但也不能放弃对小事的认识、对细节的把握，否则最后，小事会酿成大灾难。

所以，女人还要有一双明辨是非的眼睛，能够发现哪些小事最后可能由量变引起质变，哪些小事可以忽略不计，任其自由发挥。只有如此，女人的人生才会张弛有度，才不会纠缠于各种琐事中，失去了生活重心，抓不住主要矛盾。

承认现实的不如意是一个人最大的力量源泉

不是所有人都肯承认现实的不如意，承认现实的不如意，似乎意味着自己的能力有限，意味着自己不如人，也意味着自己不幸福。所以，一些人始终不肯将自己的不如意暴露在别人的面前，掩饰之余，甚至还会自欺欺人地将自己的生活描述成另外一番光景。说白了，他们之所以如此做，是内心的虚荣心在作祟，是不想伤害自己的虚荣心。

其实，生活是不如意的，充满了残酷，这是尽人皆知的道理，每个人都会碰到这样那样的问题、或东或西的麻烦，只不过每个人的际遇不同、能力不同、所处的环境不同、努力的程度不同，最后得到的也不一样。

所以，要敢于面对现实，要有直面的勇气，正视了自己，才会有一个积极的心态来生活。如果只是逃避，便失去了战斗的武器。

赵青璋从小成绩优异，一帆风顺地读书学艺，获得了许多奖，她几乎是所有人眼里的幸运儿，她不显眼但却最出彩，不张扬却最有气质。有人羡慕，有人嫉妒，也有人祝福，她就在各种各样的眼光中长大。

她知道自己与众不同，也正是因为知道自己与众不同，所以她从来不肯认输，无论什么事情，大到考试竞选，小到小小的羽毛球比赛，她都希望自己做到最好，不能输给别人，更不能输给自己。

有六Q的女人最好命

虽然她看上去蛮文静的，但是骨子里的争强好胜却苦了身边的人，本来是大家一起娱乐的事情，只要她参与进来，火药味儿就明显浓厚了，最后味同嚼蜡，大家都是不欢而散。有的时候，赢了她一场球，她就会发狠默默苦练，希望下次再赢回来。久而久之，大家都不太喜欢叫上她一起参加活动，不想给她压力，也不想给活动增添一些不和谐的音符。

她的朋友越来越少，没有知心的人陪她聊天、逛街，也没有人邀请她参加平常的聚会活动，生怕在游戏的环节被她的较真破坏了气氛。但她并没有意识到大家疏远她的真正原因，因为大家说的都是，不想影响她的学习，不想影响她的领导工作。她也就仍然一直保持着骄傲的姿态，过着自己看上去志得意满的生活。

很快，他们毕业了，各奔东西。再也没有她的消息，偶尔传来的，是她工作了，但是屡屡跳槽，最后组建了自己的公司，境况并不好，似乎一直在赔钱，又狠不下心来完全放开，就一直在苦苦撑着。她也结婚了，在生下女儿不久，便发现了丈夫的外遇，决然不给诚心悔改的他机会，离婚后，自己一个人带着孩子生活。

但好强的她并没有让自己显得很落魄，仍然是一副光鲜照人的样子。同学聚会上，即使大家都已经暗示她，如果有什么可以帮忙的，大家都愿意伸出援手。但她始终不肯表明自己的不顺与悲伤。同学们也无奈，只好作罢。只是还是有人看到她在同学聚会后，一个人躲在车里痛哭。那个人，是她的高中同学，因为一直喜欢她，所以一直留意着她的动向。

当时，他没有去打扰她，只是坐在不远处自己的车里，看着她哭完之后，重新补好妆，接了一个电话之后匆匆离开。电话是她的女儿打来的，离婚后，她不肯接受任何人的帮助，包括父母，执意一个人带孩子。女儿才3岁，这次她为了同学聚会，狠心地将她一个人扔在家里，女儿一个人在家里玩，不小心被刀子割伤了手。

他一直驱车尾随着她，所以能观察到事情的一切。他装作迷路到了她所在的小区，与她在停车场偶遇，帮她送孩子到医院。因为送来得有一些晚，孩子的伤口已经有一些感染，经过处理之后，含着眼泪进入了梦乡。她看着孩子的样子，也不顾他在场，眼泪又开始流个不停。

这一次，她似乎伤心到了极限，将自己所有的事情和盘托出，这是她30年来，第一次对身边的人倒出满腔心事。她太累了，再也撑不下来了。将所有的事情都说完之后，她的心里反倒轻松了许多，抬起头的时候，看到他静静地望着自己。

她不由得问："你都知道了？"

他点点头："是的，知道。"

她也笑了，一下子释然。

以后的日子里，他陪着她重整公司，清理了一些烂账，找出了公司在运作过程中的致命硬伤，辞退了一些人，新招了一批人，使公司慢慢走上新的轨道。她也试着联络以前的同学，建立了业务往来，接受了，也请求了一些帮助，很快走出了困境。而她，也变得随和开朗，整个人轻松了许多，自内至外似乎都换了一个人。第三年，她便和他顺理成章地结成了第二段婚姻。

婚姻并没有大操大办，两个人都是再婚，以不想再收人份子钱为由，带着父母孩子去了希腊旅游，让那里的山水见证自己的幸福。

其实，承认现实的不如意，并将这些不如意告诉熟悉的人，或许能得到新的启发或是帮助，一直闷在心里，不但得不到外援，甚至还会把自己闷出病来。不要担心有人嘲笑自己，实际上，每个人都能理解这份心情和处境。即使有幸灾乐祸的人在，对那种小人之心也无须介意。而朋友的帮助和关心，则是最重要的。

承认现实的不如意，便是以一种客观的心态来面对人生，来分析自己的境遇，这样更有利于自己找到方向而不会继续沉沦迷失。接受了，就意味着已经懂得承担，不会对生活有种种不切实际的幻想，对未来的规划会更清晰、认真、务实。

生活就是如此，任何人都无法高高在上地凌驾于它之上，只有改变自己。而在经历了种种痛苦之后，敢于去面对一切的时候，就证明你已经从痛苦中解脱出来了。接受现实的同时，也不放弃自己的理想，新的人生似乎也就从此开始了。

年轻的你急需多见些世面

女人的一生,读书、工作、生儿育女,经不起时间的磨洗,短暂有限的青春一闪而过,很快便被家庭牵绊住。不知不觉间,女人开始发现自己不再年轻,满是"白头宫女在,闲话说玄宗"的无奈。

女人最怕老,不愿意变老,不敢变老,男人之怕老是人性,女人的怕老,除人性外还加了社会性。这个压力是双重的。年轻,是资本,尤其对于女人。

所以,女人更要在年轻的时候多见些世面,否则以后就再也没有机会了。都说读万卷书,不如行万里路,行万里路不如阅人无数。这话不无道理。

女人,年轻的时候首先要多读点书,腹有诗书气自华,有气质打底,女人再老也魅力犹存。在业余时间逛逛书店,带回一身书香。上网也别只浏览网页、游戏、聊天,把时间都浪费在八卦标题下抢眼的无聊专题上,去看看新闻读读文章,了解一下除了男人外,身边其他的精彩。女人,需要有自己的知识和涵养。只有让自己多见些世面,才能装点自己的人生,也只有多见一些世面,才能和未来的那个人共享同一片天空,他飞,你也在飞,同一个高度,同一个梦想……

孟浩染生长在一个单亲家庭,一岁半的时候父母离异,因为不满两周岁,她随母亲一起生活。母亲一直将她保护得很好,她也很懂事,从来都不会问父亲的事情。母亲也从来不会在她面前说她的生父半个不字,也不会说其他男人的不是。她只是告诉女儿,自己的婚姻失败是个案,不要因此而丧失对婚姻的信心,她不希望女儿长大后遭遇跟自己同样的不幸,她希望女儿走出去,多去了解生活、了解这个世界、了解男人,不要重蹈母亲的覆辙。

孟浩染会幻想,自己的父亲是一个怎样的人,为什么要和母亲分开。而且这么多年,自己和母亲从来都没有搬过家,他怎么从来都没有回来看过她,难道他从来都没有思念过自己吗?她想找到自己的父亲问个清楚。

她也记住了母亲的话,要多走走、多看看、多见见世面,将眼界打开。因为她必须要将自己融入社会中,她要照顾母亲,她要接受生活的种种艰辛与残忍。她必须用自己的触角去感知这个社会,去品尝人生。

她的母亲是图书管理员,对她的学业并没有严格的要求,只是希望她做一个普通人,能学会什么就学会什么,能考到什么样的学校就考到什么样的学校。并且,她还利用自己的工作条件,尽可能地为她借一些对她有益的书。

每次放暑假,同学们都在家里看电视、上网、聊天,她却待在家里做家务、看书,偶尔去参加同学聚会。读书让她变得爱思考,比其他的同龄人多了几分理性,给人一种安全可靠的感觉。上大学后,她开始将时间用在打工上,接触了各种各样的人,经历了各种各样的事。很多同学有什么烦心事都会找她诉说,有什么忙都愿意请她来帮。

因为自己生活在一个单亲家庭里,所以她会观察其他人的生活,无论恋爱婚姻,喜剧或悲剧,她都会一一体会。她的身边也围绕着形形色色的人,有的人认定她没钱,以金钱相诱。有的人以稳定的工作相予。普通的女孩子几乎都会为那种天上掉下来的馅饼所动心,但是她没有,她都淡淡地拒绝了。

她知道交际是取得成功的一种必要手段和能力,是人生的必修课,她要利用人脉资源为自己创造更大的效益。但她又知道这些人的目的,她很清楚自己只不过是他们人生路上的一个过客,一颗看上去还算有用的棋子。在用尽之后,便会弃之不顾。

她需要一些垫脚石,但却不是这些,也不是以这样的形式来到自己身边。爱情是每个女孩子心目中的童话,没有哪个人能够轻易地获得幸福,她想要的,是那种与之相匹配的品质是历经磨砺后的灿烂笑颜。她不会轻易爱上那些不是男人的男人,更不会因为一件华服、一次烛光晚餐就认为那是爱情来临。她也知道,要靠自己,必须靠自己。

最后她顺理成章地找到了一份如意的工作,接受了一个与自己相仿的男孩子的求婚,那个男孩,是众多中最不起眼的一个,是被许多人错过或者忽略的那个。唯有她，能读懂他纯净眼神背后的深刻，能看出他默默坚守的努力。他，也最后给她带来了幸福，用尽了一生的爱，去呵护她、保护她。

每次看到他饱含浓浓爱意的眼神，她都有一些庆幸自己得到了幸福，也有一些庆幸自己当初见过世面，正是因为自己的身世、自己饱经风雨的过去，她才对婚姻更为看重，也更慎重，也最为坚韧。

从小生活丰富、见多识广的人，内心世界也会积极健康，面对诱惑也就有更强的抵抗力。而且，人的意志大多都是在年轻的时候磨炼出来的，只有年轻的身体才能承载得动那种"苦其心志，劳其筋骨，饿其体肤"的难行。年轻，输得起，也拼得动。人在年轻的时候要在学业上、恋情上、工作上经历一次大失败，才能小心谨慎，失败得早比失败得晚要幸运。

如果你没有良好的家境也没关系，这个时代给了我们太多尴尬，让我们的成长有了更多的无可奈何，长大后的你可以张开翅膀，能飞多远就飞多远。年轻时不要害怕漂泊，不要害怕受伤，那是勇敢者的游戏，也是无法避免的修炼。同时，更要努力工作赚钱，然后有计划地花钱，让自己最大限度地去享受这个世界带来的方便快捷及舒适，你还可以一年计划一次远行。曾经沧海难为水，除却巫山不是云。到世界的另一边再回头看看曾经的困惑迷茫，或许就都能付之一笑了。

学会推倒一切，重新思考

学会推倒一切，重新思考。这便意味着，要有自己的思想，要有自己的判断力，不能人云亦云。相信自己的眼睛，而不是相信自己的耳朵。当思路陷入僵局的时候，懂得推倒一切，重新思考，而不是一条道走到黑，最后无路可走。一句话，有自己的思想，还要懂得变通。

没有思想的女人，眼神是呆滞的，语言是空洞的，即使美丽，也是苍白的、无味的。有思想的女人，才是最美丽的，在她们的身上，到处闪现着睿智的光芒。

懂得变通的女人，会活得开心、活得潇洒、活得轻松。不懂得变通的女人，找不到方向，总是在痛苦中挣扎。有的时候，推倒一切，重新思考一件事情的时候，往往会有一种山重水复疑无路，柳暗花明又一村的豁然开朗之感。不要拘泥于一种思维方式，也不要局限于目前的境况之中。

学生时代，每次做理科题，冗长的步骤，做到最后一步，却还是解不出来的时候，总是习惯性换一张新纸，从头算起，或是换一个思路。然后，就真的解开了。

我们的人生，似乎就是一道道理科题，也需要一次次地推倒重来。推倒重来，看似麻烦，实际上却是一种最好最快的方法，比一味地盲目坚持原则，明明四处碰壁，却不肯放弃要好很多。因为有的时候，或许一开始方法就用错了，只不过是一直没有发现而已。

有的时候，从另外一面来看事情，未尝不是一件好事。尤其是对多愁善感的女人来讲，总会遇到种种的烦恼与困惑，或许一时无法解决，但在清空大脑、重新思考之后，会发现事情的转机。

推倒一切重新思考，听起来似乎是一件很简单的事情，可是做起来却并不那么容易，有的时候，阻碍我们成功的最大因素常常是我们自己。因为每个人的大脑都有一些刻板印象，有一些墨守成规的东西，很容易保持一种成见，而不愿意采纳一种更好的新观点，甚至都不知道世界上还存在另外一些不同的东西。不管你是个反对冒险的人还是个疯狂的冒失鬼，或是介于两者之间，学习如何重新思考都对你有好处。

学会推倒一切，重新思考，首要前提就是要了解事情本身，有调查才有发言权。就好比只有将敌人方方面面地了解透彻，才更能击败敌人，也便于自己在不同的情况下采取不同的行动。

学会如何重新思考还需要多听取别人的意见，多从中体会。每个人看事情的角度不同，总是埋首在自己的思想里，最可能造成的就是整日在一个圈圈里打转，没有新的突破和进展。

当然，最关键的原因在于自己。如果自己不肯丢开思想包袱，不肯尝试和接受新的方式，放不开手脚只满足于现状，当然就不会有新的面貌出现。

同时，还要学会利用现有的工具。信息社会里，有更多更好的产品可以借助，可帮助我们用更好的方式去思考和行动。比如现在的网络、手机，它们很有效，能帮助我们了解更多外面的世界，也能带来最新最前沿的东西，多去接触与自己行业相关的东西，有利于开拓自己的思维。

其实，在坚持同一种方法一直难以成功的时候，为什么不停下来思考一下？就好像教练在自己的队员一直状态不佳的时候会叫暂停，会重新布置战略。停下来重新思考，是一种冷静处理问题的方式。而且，一直尝试的方法之所以无法成功，可能就因为是一种错误的方法。既然是错误的，为何还要苦于坚持？人生的痛苦，就是一直在追求错误的东西，而一直用错误的方式去做事情，结局一定是痛苦。

分手的恋人，经常会说的一句话是：让我一个人静一静，我要好好想一想。那个时候，热恋已经退去，在经历了许多之后，也有能重新思考的内容。做事情也一样，对也好，错也好，行至一半路遇艰难的时候，停下来反思一下，不继续采用错误的方式就是前进。

不要以为年轻貌美就是你永远的资本

女人年轻，女人貌美，就是资本，而且是很大的资本，这是毋庸置疑的。但不是永远的资本，这也是毋庸置疑的，因为年轻和貌美，本身并不永恒。年轻和貌美也不会和能力与才华相对等。不是所有的人都看中年轻与美貌，也不是所有的职位都是靠年轻和美貌能胜任的。

"万人迷"陈好做客某周刊时曾经说过，要对自己有正确的认识和评价。年轻、美貌，在成为资本的同时也是让你不能正确评估自己的障碍。现在的漂亮女孩经常存在一点侥幸心理，认为可以凭借这点优势获取成功，但当你真的踏入社会，建立在外表之上的优越感其实是最不可靠的。

作为女人，尤其是那些年轻貌美的女人，一定要懂得这些。趁着自己年轻貌美的时候多修炼一些实力，当年华逝去，当美丽褪去的时候，还有内心的积累作为支撑，不会在失去了一直依赖的力量之后无所适从。

年轻，意味着年纪小，有精力、有时间，有机会去尝试和犯错误。因为很多事情，等年龄到一定阶段的时候，是拼不动也闯不动的，有心无力。而年轻的时候，还可以重头来过。所以，不要浪费年轻的生命，也不要挥霍青春的时光。因为，总有一天你会发现，你已经没有能借以挥霍的时光了。

年轻的时候就要懂得把握机会，机会失去的时候，年轻也一步步走远。年轻不是绝对的，如果你停留在年龄的表层上，你永远都是长不大的。年轻允许我们有犯错的机会，但如果不改正的话，就等于又丧失了一次机会，资本也一点点在浪费。

年轻就是为了以后年老的时候不会再犯错、再失败。因为已经有过教训，经历过挫折。

年轻的女人，无论是否天生丽质，都一样青春逼人，清澈得满是期待和渴求的眼神，满是梦想和憧憬的心，这些都足以让人羡慕。男人都喜欢年轻的女人，或许除了身体上的原因之外，还有的是因为年轻女人身上的活力与懵懂让他能找到曾经的自己，能对比到自己身上的成长，从而有一种满足感吧。

但是年轻貌美的女人也要记得，在同一片蓝天下，不仅仅只有自己是年轻得无与伦比，还有很多很多跟自己一样年龄、一样情怀的人。

年轻貌美女人的竞争对手不但是那些年少的、年老的人，同时也是那些和自己在同一平台上的人。如此相比，自己的年轻貌美所占的优势已不明显。

有六Q的女人最好命

曹可怡和赵文实是一同作为应届生被招进公司的,曹可怡名如其人,很漂亮。赵文实也人如其人,很老实。两个人虽然被分在不同的部门,但是却暗中较着劲,是那种不是朋友也不是敌人的微妙关系。

曹可怡家境好一些,穿得自然也要好一些。非名牌不买,但都很得体,她很清楚自己能穿什么、该穿什么。相比之下,赵文实就差很多,工资虽然是一样的,但是她要给弟弟妹妹学费,还要寄一部分给家里。这样下来,她留给自己的似乎就没有多少了。她也从不张扬,不显山不露水,不是同部门的人,几乎都是只知道她的名字而不知道她是谁。

公司的人也比较喜欢曹可怡,谁不喜欢年轻可爱整天送零食的女孩子呢?她有困难,基本上大家都会帮她一把。她的业务完成不了,也会有人将自己多出来的匀给她一些。所以,她的工作,最开始的时候,一直是顺风顺水的。

但是赵文实的情况就不一样了,新人经历的她都经历了。被前辈排挤、使唤、呵斥,她几乎每天都是在战战兢兢、如履薄冰中度过。曹可怡得知这些,觉得自己的好处境完全是因为自己的漂亮赢得的,庆幸之余更注意自己的美丽。但赵文实却在种种压力之下,急速地锻炼并成长,她也争气,成长得很快,不出3年便已经能独当一面了。

而曹可怡,在最先的半年里升了主管之后就再也没有任何升职的意向了。她年轻貌美的威力也只是发挥了最初的几个月功能。她有一些不服气,自己哪里比赵文实差呢?形象、气质,还是能力?她甚至认为自己的能力在赵文实之上。

当然,虽然她心里不服气,但她并没有表现出来,她只是想等待一个证明自己的机会。天遂人愿,不久公司便给她分派了一个任务,去印度了解投资环境。而跟她搭档的正是赵文实。

她铆足了劲,准备大干一场,事先做了充足的准备,因为她不想被赵文实比下去。而事实也证明,她的准备的确很有作用,对于她们的考察有了积极的帮助,但是她也意识到,赵文实在这3年里进步不少,不再是那个刚进公司的时候,腰一直驼着、不敢正眼看人的那个刚出校门的青涩女孩了。举手投足间都有一种成熟干练的味道，而自己似乎只是徒增了年龄而已。自己是比她漂亮，可是漂亮有什么用呢？现在是她得到了大家一致的认可。

回去之后的曹可怡开始更用心地面对工作，认真地和新来的同事一起上培训课，将原本不扎实的基本功一点点地找回来。她有那么一瞬间希望自己如果不是这么漂亮就好了，当然也只是玩笑话了。

年轻貌美的女人要懂得利用自己的资本，物尽其用，但也不要在资本失去的时候有心理落差。更重要的是，没有年轻没有貌美，依然可以潇洒来去。

有六Q的女人最好命

第二节
命好不好，全在于你经营人生的智慧

命运，有的时候像一道枷锁，紧紧束缚在身上，无法挣脱。

命运，有的时候像一道彩虹，远远地挂在天上，遥不可及。

命运，有的时候又像一块方糖，细细地呵护你的心田，韵味悠长。

女人的命运，是枷锁、是彩虹还是方糖，完全在于你有没有经营命运的智慧。

想一想10年之后的自己究竟要变成什么样子

陈奕迅在《十年》这首歌里唱道：10年之前，我不认识你，你不属于我，我们还是一样陪在一个陌生人左右，走过渐渐熟悉的街头。10年之后，我们是朋友，还可以问候，只是那种温柔，再也找不到拥抱的理由，情人最后难免沦为朋友……

10年之前的我们或许早已经被一些人淡忘，10年之后的我们呢，除了在爱情里来来去去，还有什么样的改变？

10年，人生最多也只有10个10年。无论你现在是20岁、30岁，还是40岁，我们都要想一想，我们未来的10年在哪里、想要做什么，自然会有一个规划。这个规划能指引人的道路和方向，也会让我们对未来渐渐清晰，而不是终日混沌。

周迅18岁的时候,是浙江艺术学校一个普通的学生,当时的她也很乐于自己的学生生活,不知道自己想要什么,只是将自己的每一天都过得很快乐。每天和同学唱唱歌、跳跳舞,偶尔有导演找她拍戏,她都会很兴奋地应允,无论是一个多小的角色。

有一天,她的专业课老师赵老师忽然找她谈话:"周迅,你能告诉我,你的未来打算吗?"

周迅一下子愣住了,她不太明白老师怎么会突然问这么严肃的问题,她有一些不知道怎么回答,只是沉默着。

老师又接着问她:"你对现在的生活满意吗?"

周迅下意识地摇了摇头。

老师笑了:"不满意的话证明你还有救。你现在就想想,10年以后你会是什么样子?"

老师的话很轻,但是落在周迅的心里却变得异常沉重,一时间,她的脑海里风起云涌。沉默许久,她抬起头,盯着老师的眼睛,坚定而认真地说:"10年后,我希望自己可以成为最好的演员,同时可以发行一张属于自己的专辑。"

老师点了点头,对她的未来规划很满意,同时又接着问:"你确定了吗?"

周迅慢慢地咬紧着嘴唇回答:"Yes。"而且拉了很长的音。

老师接着说:"好,既然你确定了,我们就把这个目标倒着算回来。10年以后,你28岁,那时,你是一个红透半边天的大明星,同时出了一张专辑。"

周迅点点头,但心里其实并没底。

老师看出了她的心虚与紧张,便示意她放松一些,随意地聊天。看周迅渐渐地放松下来,老师拿来白纸和笔,开始帮她分析:

"如果要实现28岁的目标。那么你27岁的时候,除接拍各种名导演的戏以外,一定还要有一个完整的音乐作品,可以拿给很多很多的唱片公司听,对不对?"

"25岁的时候,在演艺事业上你就要不断进行学习和思考,另外在音乐方面一定要有很棒的作品开始录音了。"

"你23岁就必须接受各种培训和训练,包括音乐上和肢体上的。"

"你20岁的时候就要开始作曲、作词。在演戏方面就要接拍大一点的角色了。"

老师很轻松而有条理地说着,周迅却感到一阵恐惧和压力。再这么推下去,她就应该马上着手为自己的理想做准备了。可是现在的她,虽然是专业的艺校生,但其实每日大部分时间都在玩,专业能力并没有太高的造诣。什么都没想过,仍然为演小丫环、小舞女之类的角色沾沾自喜。

老师看出了她的心思,又平静地笑着说:"周迅,你是一棵好苗子,但是你对人生缺少规划,而且思维混乱。我希望你能在空闲的时候,想想10年以后的自己到底要过什么样的生活,到底要实现什么样的目标。如果你确定了目标,那么希望你从现在就开始做。"

从离开办公室那天起,周迅整个人似乎觉醒了。老师的话从那天起,便刻在了她的心里。想想10年后的自己,每次去思考这个问题时,她都容不得自己懈怠。

一年后,周迅大学毕业了,她开始忙于接拍各种各样的影视剧,为了10年后的理想,成为一颗耀眼的明星,她知道自己必须一步步踏踏实实地努力。她并没有因为生存而对角色持无所谓的态度,她开始认真地挑选角色、苦练演技。在拍了《那时花开》、《大明宫词》、《橘子红了》之后,她渐渐被大家接受,开始尝到了成功的快乐。她离自己的10年之约也似乎越来越近了。

2003年4月,恰好是老师和她谈话后的第十年,不知道这是偶然还是必然,她居然真的拥有了属于自己的第一张专辑——《夏天》。

生活总是这样,经常问问自己:"10年后我会怎么样?"你会发现,你的人生就会在不知不觉中发生变化。时刻想着10年后的自己,便会朝梦想越来越近。

在这个过程当中,要试着给自己一点空间,找出自己的特质、自己的定位。不要揠苗助长,也不要急于求成,而是一步一个脚印地走过来,把每一个阶段的基础都打好。

在这个过程中一定会有诸多坎坷与磨难,但是为了10年之后的目标,一定要坚持。可以暂时单身,也可以允许自己有小小的失败,但是都不要长久。无论未来的 10 年要实现什么,在这 10 年里,一定要有平稳的过渡,不能在绝大部分的时间里陷自己于不利境地。

10 年的目标不要定得太过于渺小,也不要定得太过于伟大。10 年,听起来漫长,一年一年,却也很快。目标过于渺小,这 10 年似乎会有一些浪费。目标过于宏大,这 10 年会过得很艰辛和沉重。

最好的方法是将 10 年的目标分割成若干个小的阶段,一个阶段一个阶段地实现。就像跑马拉松一样,漫长的路途,看起来遥远,跑起来吃力,想要取得名次更是一件不容易的事情。但是如果将所经过的路线研究明白,将线路切割成小段,一段一段地完成,便相对容易一些。

10 年的目标可以实也可以虚,可以是买一套房或买一辆车,也可以是变得开心、变得自由。但无论是怎样的目标,都要经过深思熟虑之后再作决定,决定之后再开始进行周密的计划。10 年里,或调整、或改变,无论理想是否能实现,但努力的结果总会让人欣慰知足。

工作没有好坏,能让你在现实中活得舒适就行

工作本身没有好坏,但是工作做得有好坏之分。每个人所从事的工作,都在这个世界、这个社会合理存在着,有其存在的意义。看上去再不好的工作,也有发展空间。

我们工作,一方面是为了养家糊口,另一方面是为了让自己在生活中找到存在感。所以不要终日抱怨自己工作不好,工作没有做好,原因在于自己,要懂得在自己身上找原因,并取得进步。如果觉得不好,完全可以选择自己认为好一些的、自己力所及能的工作。

有六Q的女人最好命

我们不要把工作当成全部，它只是我们生活中必不可少的一部分，是为了让我们的生活过得舒适自在。如果生活不舒适自在，实际上，再好的工作都没有意义。

并且，当我们认真地将它与生存比起来，工作的好坏似乎又显得不那么重要。

58岁的弗里德里希女士退出政坛后，生活日渐拮据，要等到年满65岁，才有资格领取每月1600欧元的退休金。为了维持生计，她卷起袖口开始当清洁工。

工作的好坏，挣钱的多少，当超过了生存极限的时候，便和幸福感不成正比了。一些世界首富的金钱比你的多出50万倍，但他们比你更快乐吗？或许，有没有比你快乐50万倍？一定没有。他们比你最多也就快乐一两倍，甚至有可能还不如你快乐。所以，普通的泥瓦工一样能幸福，身家百万的生意人也可能一样不幸福。有一个广为流传的几乎是常识般的故事。

一个乞丐在沙滩上晒太阳，一个富翁来到他的身边。看着他衣衫褴褛，身边放一个破包，包的拉链还是坏的，透过去可以看到吃了一半的饼干和半瓶水。

这个富翁是因为有事情要办，因为要拜访的人还没有到，无聊四处转转才来到的这里。他正在拓展生意，但似乎不顺利，为此不由得愁肠百结。

看到乞丐半闭着眼睛，一副悠闲的样子，富翁不由地问他："你为什么不去挣钱？"

乞丐问：为什么要挣钱？

富翁答：挣钱就是为了过好的生活，可以悠闲地享受阳光。

乞丐答：我现在不正在海边悠闲地享受阳光吗？

这是一个极端对比的例子，不是所有的不挣钱的乞丐都可以过得这么自在悠闲。即使有这样的乞丐，他一定也是一个没有家庭、没有负担，或是没有责任感的人。

只是，我们想要的舒适生活一定不只是简单地在沙滩上晒晒太阳，也不是低层次的只为了生存。我们要的还有更高精神层次的追求，而去追求的前提是：必须有一份工作。

无论这份工作是怎样的情形，或许不能达到内心的标准，但是至少给自己带来了一定经济上的收入。对工作的态度，首先是感激，而不是评论其优劣好坏。

面对工作，即使面对一份不如意的工作，心态最重要，工作是自己选择的，为自己选择的工作不开心不快乐，是自己在折磨自己。而你也是在为自己工作，不是为了老板，不是为了同事，也不是为了任何一个人，工作的成败得失最后都要反馈到你一个人的头上。不认真工作最后还是害了自己。

对工作不要好高骛远，要着眼现实。工种虽然不同，但意义是一样的，都一样能养家糊口，都一样能维持自己的生计。女人做白领，搞技术、艺术固然好，光鲜亮丽，体面干净。但是去酒店里端盘子、去市场当菜贩子一样光荣。没有她们的存在，我们就无法在酒店里得到贴心的照顾，也无法及时品尝到新鲜可口的蔬菜。

只要目标明确，认真地对待自己的工作，都会得到一样的成功。

齐海利高中尚未毕业的时候，因为家里出现变故，不得不弃学从商，说是从商，只不过是在校门口摆一个烧饼摊子。

刚开始的时候，她见到同学们还不好意思，头总是垂得低低的，即使找钱也不会与顾客对视。但是后来，她以前的老师找到她，语重心长地告诉她，她现在做的事情是用自己的劳动挣饭吃，正大光明，为了自己也为了家人的生活，没有必要抬不起头来。

齐海利一直都默不作声，听老师说话的时候，也是一直低着头，就像她在自己烧饼摊前的姿态一样。但是老师的话，她听进去了。

她只是更用心地将烧饼做好，她想的是，自己的饼做得好、卖得好，才会有更多的人来光顾，无论是自己的老同学，还是不认识的陌生人。她也真的做到了，一到下课或是放学的时间，她的摊位前总会有长长的队伍在等。

那一年，她错过了高考，就安心地攒了一笔钱，盘下学校门口的一间小店面，卖午饭和晚饭，因为请了最好的厨师，加上自己也勤于钻研，菜式营养搭配都深受同学们欢迎。她的店面也扩得越来越大。

直到第三年，她才重返学校，重新考取了大学。而她的店面也交给一位亲戚来打理。那是她平生第一份工作,甚至当时还没有成年,那些在寒风里卖烧饼的日子,教会了她很多,包括一丝不苟地对待工作,即使只是卖烧饼,心中的梦想也一定不要放弃。

其实,工作的好坏并没有严格明确的定义,并不是那些看上去又脏又累的工作就低贱,其实,在美国和日本,那些看上去很脏很累的、需要人工去处理的工作,是薪水最高的。

没有任何一项工作都能尽如人意,不要羡慕别人的生活,尤其是与自己完全没有交集的生活,有着自己想象中的美,但一定也有着自己想象不到的另一种辛苦。

好命就是在正确的时间做正确的选择

人生的路很长,但关键处就那么几步,关键时的选择决定明天甚至一生的命运。选择对了,人生更加辉煌与精彩;选择错了,令你苦恼、怨恨、遗憾。人的时间和精力都是有限的,必须做出一些选择和放弃。面对丰富多彩的社会,只有学会选择才能更好地拥有。

曾子墨从小品学兼优,上世纪 80 年代末 90 年代初,她在北京最好的中学之一——人大附中过着最简单、最纯真,也最开心的日子。高二分班时,她选择了文科,因为成绩优异,被分配了保送名额,可以选择学校及专业。

那天,她一走进学校办公室,看到桌子上摆着满满的五颜六色的资料。老师笑着用手指了指:"北大所有的文科系,怎么样,挑哪个?"

但是曾子墨却摇了摇头,说:"我不上北大。"

听到她的回答,老师的笑容一下子凝固了:"不上北大你上哪儿?"

曾子墨只是问她的老师:"除了北大,还有哪个学校、哪个专业考分高?我要选考分最高的专业。"

她的标准简单而"专横":考分最高的专业一定是最好的,既然我的分数不比别人低,别人能学的,我也要学!

老师想了想,给了她一个答案:"人大国际金融系。"

18岁的曾子墨,以为金融就是和银行有关,银行就是和取钱存钱有关。至于国际金融,根本不知道它是什么,也不想知道它是什么,它是什么对她来说都无所谓,凭借这样好胜而又从众的心理,她鬼使神差地走进了金融的大门。

大二的时候,她听从了父母的意愿,考取了美国达特茅斯大学常春藤盟校,并获得全额奖学金,取得经济学学士学位。毕业之后,她进了高端国际投资银行——摩根斯坦利工作。因为表现出色,工作两年后来到香港,加入摩根斯坦利亚洲分公司,一年后升任经理。

但是工作的辛苦与劳累,让她渐渐萌生去意。

在临行前,她接到很多猎头公司的电话,但她都一一婉拒了,她觉得自己该回国发展了,而且不能再等了。这个时候的她,依然对投资银行一往情深,从未怀疑,也从未动摇。因为她一直确信自己会以最快的速度做到"董事总经理"的位子。

可是在飞机起飞的时候,冥冥之中,她突然大彻大悟,投资银行不过是众人眼中的一道光环,为什么一定要牺牲自己的快乐,去点亮别人眼中的光环呢?她也明白了为什么那么多的美国同学都会在大学毕业后去非洲、亚洲,去世界上最贫穷落后的地方做志愿者,为什么金钱、地位和稳定的生活从来都被他们不屑一顾。

因为,生活是自己的,自己有权利选择自己想要过的生活。因为一个偶然的机会,她得到了和凤凰卫视资讯台负责人见面的机会。

在介绍自己时,她说,离开摩根斯坦利,就是因为厌倦了金融,想要告别枯燥乏味的财务数字和通宵达旦的工作方式。现在更想做的,是一份新鲜的、不同的工作,更直接地说,就是真正的电视工作。媒体和电视这两个词,对她有着无

有六Q的女人最好命

限的诱惑。

经过一次次的面试,毫无新闻采访经验的她,得到了加入凤凰卫视资讯台的机会,并阴差阳错成了一名财经节目主持人,不过,这份工作还是和她的专业有很大关联,她能判断透析全球经济形势及第一手金融行情,并且一如既往地表现出色,成为家喻户晓的美女主持。

一路走来,曾子墨做了太多的选择。在正确的时间做了正确的选择,无论是读书还是工作,也正是这些选择,成就了现在的曾子墨。选择读书工作的时候,正是她最年轻、最有魄力和精力的时候。试想一下,如果3年、5年或是10年后再做出选择,一定会错过最佳的时机。

选择是一门学问,是一种智慧,选择也意味着放弃。曾子默放弃了有着耀人光环的金融工作,却得到了自己内心真正向往的生活。伽利略放弃了自己的自由,誓死捍卫自己的学说,才使牛顿得以站在"巨人"的臂膀之上;比尔·盖茨放弃了自己在哈佛大学的学位,投身商海,成就了20世纪商界的一个神话。他们都做出了放弃,放弃换来的是成功。但其间经历的痛苦曲折是常人难以想象的。

要记得在正确的时间做正确的事,也一定要记得,不要在正确的时间做错的事。同样是选择,一定要选择正确的。同样是放弃,也一定不要放弃对的东西。

17岁那年,年轻貌美的阿黛·富谢与门当户对的维克多·雨果订婚了。20岁那年,他们走进了婚姻的殿堂。阿黛是一个画家,为雨果生了3个男孩、两个女孩。原本一个幸福的家,但是却在婚后第十年,阿黛遇到并仰慕一位作家,最终追随作家而去的时候,悄然破碎了。

阿黛·富谢虽然不惜放弃家庭,但是自己所钟爱的作家,并没有给她带来新的幸福。她的经济状况一度很拮据,几乎到了举步维艰的地步。一次,她静心制作了一只镶有雨果、拉马丁、小仲马和乔治·桑4位作家姓名的木盒,到街头出售,可是因为要价太高,很多天都无人问津。直到有一天,雨果从那儿经过看见了,就托人过去悄悄地买下来。

而这个时候的雨果，身边却已经有了新的爱人。阿黛离开时，雨果也十分痛苦。第二年，他结识了女演员朱丽叶·德鲁埃，两人很合得来，并坠入了爱河，雨果那颗受伤的心才得以抚慰，收获了人生中真诚的爱情。以后不管他们在一起或分开，雨果每天都要给她写一封情书，直到她75岁去世，将近50年来从未间断，写了将近两万封信。

30岁，对于一个女人来讲，正应该是收获幸福的时候，而且，她已经有了一个幸福的家，应该冷静处理自己的思想与感情，可是阿黛却偏偏做了抛家舍子去追求新爱的不成熟举动，最终也断送了自己的幸福。

爱情，是在正确的时间遇到正确的人。好命，就是在对的时间做对的选择。选择即命运，在对的时间做对的选择，就能给自己好运。在错误的时间里做一错的选择，最后只能追悔莫及，错失幸福的机会。生活总会有遗憾，但不要因为自己错误的选择而抱憾终生。

无论结不结婚，都要做好退休规划

结婚是人生大事，可以使我们老了之后能有老来伴，可以一起依偎走过人生最后一段旅程。但退休也是人生大事，有了家庭，事业也打拼完了，可以安享晚年了。退休之后的人生，还会有几十年的日子要过。退休生活的质量，和家庭婚姻密切相关。

父母总是担心没有结婚的女儿，认为没有家庭的女儿会不幸福，老来孤独。但是如果女儿早早地嫁了人，又要记挂她什么时候生孩子，也怕她晚年没有仰仗。

把结婚和退休通过种种的延伸联系在一起，听起来似乎是不相关联的事情，但是仔细分析，也似乎有一些道理。毕竟，作为一个女人，结婚、生子，对老年生活都是有所帮助的。拥有一个幸福的婚姻，对人生有加分作用，能让晚年过得更充实和开心。

但是在当今社会，越来越多的人选择不结婚或是晚结婚，结婚不是必然的，但是退休却是必然的。所以，无论结不结婚，都要做好退休计划，因为人，不是为了退休才结的婚。

而且即使结了婚，仍然会存在许多变数，会存在比结婚更多的问题。如果遭遇感情危机，无法再一起相守过日子，即使有了孩子也会分手。而且，孩子也不一定就是自己退休之后的保障，很可能自己的老年生活就是要用来给儿女带孩子的，而且，结了婚也不一定会想要孩子，养儿防老的观念也正在逐渐淡化。而且越来越多的年轻人不愿意和老人同住，老人也不愿意夹在年轻人中间过日子。

结婚不是保障，任何人、任何事都不是保障，不要将婚姻和退休绝对地联系在一起。只有自己才是自己最大的保障，自己一定要有维系事业和专业的能力，要保持自己能够照顾自己的能力，也要能保证自己与外界的交流能力。

随着不婚主义者的逐渐增多，或许会有各种社会福利和产业都转向提供给单身族群更好的退休计划，如果你是不婚主义者，那么就要关注相关的信息，给自己买好保险。即使是已婚的人、有伴的人，也要多关注一些。

无论你处于什么样的年龄，都可以尽早开始为退休做规划，为自己一步步地搭建稳固的退休之路。退休要过什么样的生活，可以从年轻时就开始想象，并切实规划执行。如果没有退休规划，自己年老的时候，或许就会很凄凉。

卡琳太太已经退休在家，一个人生活，儿孙都远在另外一个城市，他们的日子也不宽裕，自己也就不愿意过去同住。与她终日相伴的是一条叫哈比的狗。她总是坐在花园里晒太阳，狗忙着跑来跑去，或是卧在树荫下打盹。

有一天，卡琳太太的儿子全家过来探望她。儿子看到她的狗瘦骨嶙峋，动了恻隐之心，便问道："妈妈，你的狗怎么会瘦成这样子，是不是生病了？"

卡琳太太回答说："不是的，它每天都只吃剩饭剩菜。"

儿子笑了："哪家的狗不都是这样吃的嘛。"

卡琳太太又补充说:"那是因为有时候,它连剩饭剩菜都吃不到。"

并不是老太太在责怪儿子什么,而是作为一个美国人,他们都不为退休做准备。根据调查,46%的美国人,为退休而积蓄的钱低于1万美元。只有29%的人,积蓄超过10万美元。很少有人会为自己留出一笔可观的资金以做退休之用。相比之下,中国人的储蓄观念则要强一些。

闵一韦今年32岁了,未婚,是一家证券公司的经理,平时做的就是帮助客户理财,清户过户之类的事情。她身边来来往往条件不错的单身男人也不少,但她都没有感觉。按她的话讲,女人,到了一定年龄后,就不想结婚了。这么多年,感情世界的浮浮沉沉也经历够了。她觉得自己以后可能没有依靠,而且,现在的经济状况总是不太乐观,所以,她就早早地为自己做了退休规划。

她的目标是一定要有足够的金钱作为后盾。除了公司为她每月按时按量缴的款项外,前几年,她就为自己买了储蓄险,一个月缴纳近5000元,15年后每隔3年可以领20万,领一辈子。缴费期间的15年,还可以每3年领10万。当然,这个投入也比较大,要以足够的月薪为保障。因为现在经济不太景气,她保证自己每个月不能有负债,就怕哪一天企业减薪或是裁员,自己虽然是中层领导,但也并不是有100%的保证。

另外,她还买了定期定额的基金,每个月扣2000。她还有存定期款的习惯,每个月都会存工资的30%。种种款项加在一起,她为自己做了充分的退休保证。至少,退休之后,每月领的钱不会比自己现在的工资少,足够她一个人安心地过老年生活了。即使她老了病了,也不会成为别人的负担。即使被迫提早退休,也一样有所准备。

40岁的王月枚是政府官员,作为公务员,她的未来似乎可以清楚地看到。会稳当地退休,有足够的生活保障。她的老公是一个商人,因为利用她的一些职权,生意做得很好,但是在她退休之后,很可能就是另一番光景了。所以她决定自己退休之后,也让老公停了生意,老俩口安享晚年,自由自在地做想做的事情。他们制订了一个旅游计划,想在走得动的时候,去国外一些国家走一走、看一看。等到再上一些年纪，就只在国内活动。

他们有一双儿女，都不在身边，一个在美国读书，一个在日本工作，不经常回来看他们，他们也不强求。他们只希望儿女们都顺顺利利、平平安安地健康成长，儿孙自有儿孙福，能过成什么样，是他们的造化。只要不混到不得不再来求他们帮忙就好了。女儿也暗示说自己不想结婚，他们也可以理解接受。他们这一代，就不需要靠儿女来养老了。对于下一代的事情，不结婚、不生子，他们觉得都不重要。

在晚年，有足够的金钱储备很重要，但关键的是还要有好的人际网络、健康，这才是更重要的。所以他们已经开始注意饮食节制，两个人都免不了出席一些场合，他们都会刻意地少吃少喝，并注重养生之道。

女人要做事业，同时也不能忽略家庭

看一个女人幸福与否，最大的标准和定论是看这个女人是否拥有一个完美的婚姻，是否有一个和睦的家庭。家庭就是女人的港湾，是她聪明才智挥洒的地方，是她一生最重要的事业。

维持一个家，需要两个人的共同努力，也需要女人承担起相应的责任，与老公一起经营家庭和婚姻。但是每个女人其实最希望的就是能安心地在家里相夫教子，而不是把所有的精力全都耗在工作上。挣钱养家糊口的事情就交由男人在外面打拼，自己只做成功男人背后的女人就好了。作为女人，如果不愿意去撑起那半边天，也可以把重心放在家庭上。

家庭是男人的后院，将家里打理好了，无论男人在外面多苦多累，都会觉得舒适安全。聪明的女人懂得创造一个温馨温暖的家，打造自己的幸福，也维护自己的婚姻。

很多女星，都是婚姻之后回归家庭，不再抛头露面，挣钱养家糊口的事情就由丈夫一人解决。林青霞结婚后甘愿回归家庭做主妇，风情万种的小S自结婚后安心了许多，徐帆也在婚后不再马不停蹄地接戏，而是分出一半的时间来照顾冯小刚，赵雅芝也是在3个孩子都进入大学之后才又开始出现在公众场合，重操旧业。

我们也可以发现，这些把重心放在家庭上的女人，似乎更幸福。她们不需要为家里的生计操心，有老公一个人的努力就已经足够。她们也经历了大风大浪的辉煌或是坎坷，回归平淡是为了找回原本内心的平和与渴望的正常人的生活。好在她们在嫁人之前，已经有了一定的经济基础，无论是自己还是对方。

张平在没有参加过工作的时候就结婚了，因为早早地有了宝宝，她成为了典型的家庭主妇，从来都没有踏进社会一步，内心对社会也有一些距离，既想出来独当一面，又渴望一直享受这种家庭生活。她找了一份幼儿园老师的工作，就在家的附近，工作得心应手。当然，她的重心还是放在家庭，放在老公孩子、爸爸妈妈、公公婆婆的身上，老的老，少的少，她都会照顾得很好。

她的生活重心虽然是在家庭上，但只是重心，不是所有。家庭作为生活的港湾固然重要，但它绝对不是女人生活的全部。所以，在平日里，她也会有自己的生活，和同事朋友一起逛街，还给自己报了一个瑜珈班。即使羁绊，也很独立。

或许是因为看到了太多身边的女人，因为将自己的所有都扑到老公身上，最后还是被老公抛弃的例子，尤其是那些为了家庭甘愿放弃事业的女人，因为失去了生活的着力点，只有完全围绕家庭来转，将老公束缚得太紧，反而最后连最在乎的东西也失去了。

完全依附于男人的女性不仅经济不能独立，而且在生活中也会迷失自我，只能碌碌无为、平平庸庸地过一辈子。为了家庭，失去一个女人的人生自由，致使人格改变、性格扭曲，这个家庭也失去了存在的必要。

杨澜在谈起自己的家庭经时就说过，我不可能像每一个妈妈那样每天晚上给他们做饭，但是我相信在我允许的能力范围内，我已经竭尽所能了，所以我也不

有六Q的女人最好命

应该因此再给自己更多的压力,所以我希望很多在职工作的母亲也是这样,我觉得你尽力了,孩子是完全能够体会到你是多么爱他们的,也不要苛求自己把弄得很紧张。

作为一个职业女性,她没有办法永远陪在孩子身边给他们安全感。但另一方面,又不得不妥协于工作。但只要爱他们,孩子是特别聪明的,他们一定能感受到的。

而且杨澜还觉得,一个女人,自己的重心虽然是在家庭,但并不意味着要大包大揽家庭里所有的事情,这需要有老公的配合。我们不要忘记,老公也是家里的一分子,他也应尽一定的义务,他的作用同样重要。

比如教育孩子的时候,杨澜唱白脸,她的老公吴征就唱红脸。一个总是批评,一个总是鼓励。

一首钢琴曲,有一个音孩子没弹准,杨澜就会责备孩子,说:"你明明可以更专注一些、弹得更好,为什么就是不认真?"

吴征就说:"孩子他爸连五线谱都看不懂,他能弹出来就不错啦,能把一两个曲子弹得比较漂亮就已经可以了,已经比我强多了。对孩子要求那么高,他们不爱练就不练呗。"

杨澜会说:"孩子总得有个良好的习惯啊。"吴征就会说:"让他们自由一些吧。"

是的,经营一个家庭,包括太多的细节,不是一个女人能完全应付过来的。即使做全职的家庭主妇,也只能保证一部分。尤其是家里如果有男孩子,孩子的性格教育还需要受到爸爸言传身教的影响。

孩子的教育也要有一个平衡,需要全家人的共同努力,而不是单单只靠女人一个。

对于任何女人来讲,没有家庭的人生是不完整的人生,而没有事业的人生又是苍白的人生,事业是基础,家庭是港湾。女人的事业可以很平淡,但一定要有。职场是女人追求物质的同时,实现自身价值的地方,没有了事业,家也相对来说不会有稳定的经济基础，家庭失去了应有的物质基础，当然也就没有了幸福与安全感。

只有家庭而没有事业也不算真正的幸福，同理，只有事业、没有家庭、失去自我的人也一样不幸福。事业与家庭是对等的，是相辅相成的，作为女性，不要在家庭和事业间进行取舍，而是可以倾斜自己的重心，把握好其中的平衡，虽然有一些难度，但却很重要。

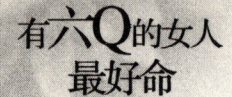

第三节
打造你的"核心竞争力",对抗命运的不可测因素

女人只有了解自己的"核心竞争力",才能够在情感、爱情、婚姻和家庭中得到幸福,才能对抗不可测的命运。

而女人的"核心竞争力"就是使自己变得专业、不可或缺,永远都有自己的价值存在,这样才不会出局也不会被淘汰,即使一次次被打倒,也仍会一次次坚强地予以有力回击。

女人的升值、贬值与保值

每个人都有自己的价值,是价值就会有估价,有估价就会有保、升、抑。女人的价值是什么?怎么判断一个女人的价值?靠年龄、靠美貌、靠家世、靠婚姻,还是靠事业?

年龄会变,都说20岁的时候,女人会收到一些爱情邀约。30岁的时候,收到的则是一批爱情账单。美貌会逝去,容颜会老,没有人能青春常驻;美貌可以赏心,却无法永远保值,也只不过是价值的一小部分。

家世,世家,衡量的是前人的价值,自己只是一个背靠大树好乘凉的后人。而自己将家业发展或保护的程度才是考核自己价值的标准。

绝大部分人都有婚姻,而婚姻也是世上最不确定的东西,即使是别人羡慕的婚姻,在某些女人眼里也不是完美的。对于已婚的女人,是升值还是贬值也众说纷纭。有人说，结婚是一种美丽的升值。婚后的女人，有一种吸引人的淡定和平静的生活态度，更成熟也更有内涵。也有人说，婚后的女人是一种贬值，从男人的表现便可以看出来。婚后的男人不会再像恋爱时那样讨好妻子，不会再送昂贵的礼物，没有礼物，没有甜蜜，激情也不再，会使女人在心理上觉得自己贬值了。

女人如果想在结婚后使自己升值或是保值其实并没有那么难，只要好好地用心经营自己的婚姻，成为这个家不可或缺的一员，那才是自己真正的价值所在。

年龄、美貌、家世、婚姻，虽然也是自己价值的一部分，但是要么经不起时间的淬炼，要么附带了其他人的成就，无法准确衡量自身的价值。只有事业，是独属自己的，自己未来的好坏，很大一部分就取决于自己的工作。毕竟，对于大部分女人来讲，都不是含着金汤勺出生的，也不是嫁一个好老公就从此可以衣食无忧的。不过，有一份稳定工作的女人是保值的，至少她有一个实现自己价值的平台。随着薪资的增长，经验值与能力的提高，会一点点地升值。

莫文华初为人母，便更改了QQ签名——女人婚前是珍珠，婚后生完孩子就成了鱼眼睛了！

这句话听着让人似乎有一些毛骨悚然，读书的时候，她曾经那么乐观开朗、才情四溢。不知道发生了什么，让她有如此落魄的心境。

她和老公是在学校里认识的，她读文学硕士的时候，老公方唐在读化学博士，一个是学校里的校花、礼仪队队长。一个是学校里的风云人物、名导研究生、学生会主席、书香门第的独生子，人帅心正，几乎没什么可以挑剔的地方。

方唐认识莫文华的时候，是在地铁里，那天他的车坏了，第一次坐地铁。一天清晨，莫文华从德胜门上的地铁，灰头土脸地坐在他的对面，开始专注地化起妆来，根本不看身边任何人一眼。周围的人有的在打瞌睡，有的在玩手机，有的在无聊地看着车载电视，只有方唐一直盯着她看，但她从头至尾也没有往他的那个方向看一眼。

大概过了半个小时的时间，地铁到站了，她也化妆完毕，最开始那个普通至极的灰头土脸、披头散发的莫文华一下子变得容光焕发、气质逼人。他有点儿呆住了,愣了一下才发现自己也到站了。他一直尾随着她,最后发现她的目的地居然是自己的学校,她是来参加研究生面试的。

因为她正在考试,他不方便打扰,他相信她一定能过关。果然,新生开学时,他又发现了她的影子。从此他开始了漫长的追求。她在学校待了多久,他就追了多久。因为她觉得他只是一时兴起玩玩而已,不会喜欢再平常不过的自己。不过他终于如愿以偿,抱得美人归。

结婚的时候,她已经怀孕了,方唐在婚礼上百般呵护。因为男方家里地位显赫,来了诸多有头有脸的人物,她嫁得的确是体面风光,感到幸福无比。而且,她是山村里出来的小丫头,是靠边工边读考上的研究生。

但是他们的婚姻很快就有了问题,方唐的家教很严,她是一个新时代的女性,受不了诸多的苛规禁律,也受不了和公婆一起住,不自在也不舒服。家里有专门的保姆、专职的司机,甚至有私人医生,但她就是觉得不舒服,找不到家的感觉。

她将这些说给爸爸妈妈听的时候,他们都觉得自己的女儿傻,有福不享,可以在家里安心地当少奶奶,却还要劳心劳力地去上什么班。

不知不觉,她脸上的笑容越来越少,不是不喜欢谁,也不是家里人对她不好,就是不开心。方唐刚开始还每天早早地回家陪她,时间久了,就厌倦了,回家越来越晚,甚至不回家。她也每天一下班就关在房间里,看书听音乐,都是一些关于胎教问题的。公婆也说不得她什么,在同一屋檐下住着,生分得像是两家人。

宝宝终于出生了,是一个男孩子。全家上下喜气洋洋,派专门的保姆照顾,而她却被晾在一边,似乎忘记了她的存在。

她心里更是郁闷,得了产后抑郁症。

但毕竟经历过风雨,她提前结束了自己的产假,开始将心思投于工作,每天给自己安排很多的工作,甚至将下属分内的事情都拿来做,只为了让日子过得充实,什么也不想。

她很快从不良情绪中走出来,工作做得有声有色,一次次被褒奖、被提升,而且用实际行动得到了全公司人的认可和尊重。

很快,方唐提出离婚了,孩子归方家。她已经不计较了,如果打官司,她一定赢不了。孩子在方家,比跟着自己要好很多。

离婚后的她并没有消沉,反而有一种解脱之感。这个时候的她,已经不是那个忙碌得必须在地铁里化妆的女孩子了。她变得更加成熟、优雅、知性,事业稳步上升。只是她还一直单身着,不是二婚难。自从她离婚的消息传出来之后,她的身边一下子多了许多追求者,有的甚至像当初的方唐一样疯狂。她明确地拒绝了每一个人,她的心有一些累,想给自己留一点空间。而且孩子还小,她虽然不是监护人,但还是有机会探望孩子,她想看到孩子平安健康地长到3岁,她想将自己的事业做到更好。

而她也将事业做得很好,短短3年里,她几乎以光速成为了公司的总监。而她,并没有嫁给第二个男人,而是和方唐复了婚,因为方唐越来越发现自己失去的是什么了。

人们总是说,女人干得好不如嫁得好,实际上很多时候,嫁得好和干得好有千丝万缕的联系。男人也很看重一个女人的价值。女人的幸福和自己的价值有关,相应的价值匹配的也是相应的幸福。没有价值的人,无论是对自己还是对他人都是没有意义的。

女人都希望自己红颜不老、青春永驻,女人都想要完美的婚姻,女人都愿意自己只升值不贬值,可很少有人这么幸运。所以,还是加点油,学会为自己保值吧,在还没开始贬值之前。

不思进取当"绿叶",就总是存在出局的危机

红花虽好,终需绿叶扶持,不能缺少红花,也不能缺少绿叶。但是人们关注的、记住的永远都是红花的娇艳和美丽。红花凋谢人们会惋惜,绿叶坚守却没有人感动。没有了绿叶,红花还是红花。但是,没有了红花,绿叶只能是绿叶。

我们每次整理东西时,总是会发现保留着许多可有可无的东西,以为这些东西在未来的某一天会用到。不过,在东西多到放不下的时候,就会扔掉这些鸡肋一样的东西。因为它们的重要性比起其他一些更为必要的来讲,稍显不足。所以,是绿叶,就总是存在出局的危机。

朱丹是浙江卫视的台柱子,"我爱记歌词"让大家记住了这个皮肤黝黑、喜欢站在台上大笑的女主持人。很多人觉得朱丹的成名是靠运气,其实,这与她对自己不甘当绿叶的心态有关。

朱丹说,自己刚出道的时候,只是个土气的新闻女主播,普通话不标准,没有任何背景,几乎没有什么能符合娱乐圈的快速成名法则。在工作忙碌的间隙,她总是不停地思考、播新闻,即使最后能播出一个什么眉目,大家也不会对自己有深刻的印象。于是,她决定转型做娱乐节目。因为,在娱乐圈,只有让大家"喜闻乐见",才能够让自己的事业上一个新台阶,这是工作性质决定的。而她也成功地通过自己的努力,顺利成为一档娱乐节目的女主持人。

但是做娱乐主持并没有朱丹想象的那么容易,她只知道站在台上傻笑,但是不敢说话,更不会见缝插针地说一些精辟的调侃。整场节目下来,全靠搭档一个人在撑台面。意识到了这一点,她越来越沮丧,对自己很失望,因为她不可能永远地用笑脸来撑场面,脸常常都有一些笑僵了,笑容也显得很假。

回到家里,她也不止一次偷偷地躲在被窝里哭,哭完之后,她就告诉自己,

不能这样继续下去，必须要改变现状，要有所突破，一定得从不为人知的"绿叶"，成为万人瞩目的"红花"。

她每天疯狂地看台湾、香港最红的娱乐节目和美国的脱口秀。她希望自己成为奥普拉那样的女主持人，不靠绯闻炒作来提高自己的知名度，只靠自己内心的力量和实际的能力来获得掌声。

其实，论长相、论实力、论天分，朱丹并不是最出色的，但她就是铆着一股劲儿，抱着不想当将军的士兵就不是好士兵的心态，一点一点地努力往上爬，一直爬到出人头地为止。

从此之后，她豁出去了，以前在节目里，她一唱歌大家就哈哈大笑，她就有点心慌意乱，但现在不同了，她觉得自己无论做什么，只要观众给反应了，而且她只要把这个反应镇住或是利用这个反应，就能形成自己的闪光点。她不再害怕观众的嘲笑与唏嘘，而是努力一个个尝试，主持节目、录单曲、跳舞、演电视剧，这些虽然都不是她曾尝试过的东西，但她创造机会也要去做。渐渐地，越来越多的人开始记住了这个出色的女孩子，她也顺理成章地成了浙江卫视的台柱子。

不甘心当绿叶的人，一定有一颗好胜要强的心。要相信自己，也不要小看自己。命运就掌握在我们自己手中。要改变自己的命运，只有相信自己、依靠自己、不断地武装自己，才能牢牢把握住每一次来之不易的机遇去改变自己。当上了红叶，才能展现出自己最精彩的一面，才能将自己的潜力发挥到极致。

红花固然好，但实际上红花只有一朵。在当绿叶的时候，努力争取去做红花，或许不一定会如愿以偿，但是在努力的过程中一定会有所进步。不是所有的人都能成为红花，但不能没有一颗要当红花的心。不思进取地当绿叶，总有一天要被淘汰。

赵委瑞从小一直很自卑，无论做什么都觉得自己做不好，有比自己更漂亮的，有比自己更有钱的，也有比自己更聪明的。所以做什么事她都自觉后退，读书如此，工作如此，她不喜欢与别人竞争，而实际是还没有开始竞争她就自动认输了。

有六Q的女人最好命

就在别人都摩拳擦掌、跃跃欲试的时候，她总是悄悄地退到人群后面，所以，她一直都是一片绿叶，心甘情愿当绿叶。对于那些高高在上的红花，她也心存羡慕，但是并不嫉妒，因为她觉得自己跟她们的差距很大。

她希望自己的日子就这么平凡到老，但是生活永远都是残酷的，总是会把自己最不尽人意的地方摆到人的面前。因为经济危机，公司大裁员，让员工竞聘上岗，她自然而然地成为那些被裁者中的一位。

她虽然自卑，但是实际上，她并不是一无是处，她很善解人意，也很聪明。但只是缺了颗进取之心，也正是如此，她在人生的道路上才举步维艰，永远都是最后一名。

实际上，在现实生活中，我们最大的敌人不是别人，而往往就是我们自己。有许多人因为自卑心理非常严重，总是怨天尤人，认为自己什么都不如别人，认为命运天注定，自己再怎么努力，也改变不了现实。自动放弃了改变自己命运的所有努力，心甘情愿地当绿叶，虽然可能有当红花的资质。

还有的人，不甘心当绿叶，但又羡慕红花，所以就成天不停地抱怨上帝不公，感叹自己生不逢时、生不逢地、命途多舛、怀才不遇，自己无法战胜自己，无法超越自己，自己反而成为自己人生前进道路上的绊脚石，只能与成功失之交臂。

虽然绿叶总是要有人当的，但也要用心去当这片绿叶。即使是当绿叶，也要当得不可代替，当绿叶中最好的绿叶，而不是滥竽充数的那一片。世人向来是敬重绿叶的，所有的影视奖项里永远都会有最佳配角奖，那是对绿叶最好的认可。没有人会否认，这些兢兢业业、辛辛苦苦的绿叶也一样成功。不过，他们的成功并不是轻易而获得的，他们也一定不是那些不思进取的绿叶。

当代女性，时刻记得为自己积累

当代女性，要时刻记得为自己积累。积累自己的美丽，积累自己的财富，积累自己的人脉。无论在哪个年龄段，都要时刻记得。

积累自己的美丽

女人维护自己美丽的方法有很多种，吃、睡、养、化、整、运动，我们这里只介绍食补一种。

青春期少女（15~25岁）。这个时候的女人，开始绽放自己的靓丽，鲜亮的容颜、飞扬的激情，不需要修饰，便可以天然而成，只要加一点点绚彩，就能美得更张扬、更自信。由于身体新陈代谢能力好，皮肤油脂分泌旺盛，容易长痘。

在这个阶段要保证皮肤光洁红润而富有弹性，就必须摄取足够的蛋白质、脂肪酸及多种维生素，要多吃白菜、韭菜、豆芽、瘦肉、豆类等。同时，注意少吃盐，多喝水。这样既可防止皮肤干燥，又可使尿液增多，有助于脂质代谢，减少面部渗出的油脂。

25~30岁。据研究，25岁女人的新陈代谢能力达到最高点。25岁以后，女性的额头及眼部周围会逐渐出现皱纹，皮下油脂腺分泌减少，皮肤光泽感减弱，粗糙感增强。

所以在饮食方面，除了坚持养成吃淡食、多饮水的良好饮食习惯外，要特别多吃富含维生素C和维生素B的食品，如荠菜、胡萝卜、西红柿、黄瓜、豌豆、木耳、牛奶等。

30~40岁。这一年龄段的女人内分泌和卵巢功能逐渐减弱，皮肤易干燥，眼角开始出现鱼尾纹，下巴肌肉开始松弛，笑纹更明显，这主要是体内缺乏水分和维生素的缘故。

这一时期要坚持多喝水，最好早上起床后饮200~300毫升的温开水。饮食中除坚持多吃富含维生素的新鲜蔬菜瓜果外，还要注意补充富含胶原蛋白的动物蛋白质，可吃些猪蹄、肉皮、鱼、瘦肉等。

40岁以后。这个年龄的女人，胶原蛋白缺失，新陈代谢慢，要多吃一些猪蹄汤之类的来美容养颜。可补充雪蛤或蜂王浆，能让更年期延期而且减轻更年期症状。豆浆和蜂王浆都可以外用，生的新鲜豆浆可以用来做水分面膜，豆渣可以用来按摩身体去角质，蜂王浆也可以擦脸，比化妆品便宜且天然。

社会个性化的特征越来越显著，当代女人还要靠更多的修炼来提升自己的美丽。女人需要从内到外去经营自己，读万卷书，行万里路，这些不仅需要时间成本，更需要金钱成本。所以，不同年龄段的女人，在积累美丽的同时，更要积累自己的财富。

积累自己的财富

身为女人，懂得理财、拥有财富就可以不必当金钱的奴隶，就能保证自己的生活质量，只有这样，人生才会由自己做主！

22~26岁。进入职场才数个年头，除了累积职场经验与社会认同外，更重要的是趁未有家拖累前，积累投资理财的本钱。不至于在结婚的时候两手空空，连最基本的嫁妆都没有。待手边有了一笔闲钱，便可以开始进行投资，由于年轻人有承担高风险的本钱，适度投资高风险、高收益的产品，能快速积累金钱。

34~40岁。这个年龄段的女人，已经为人妻、为人母，人生所围绕的都是柴米油盐酱醋茶的平淡。成就与财务逐渐积累至一定的水平，理财除了支付简单的家用以外，多为子女的教育基金和为自己进行养老储备。大多选择相对稳妥、收益较高的多样化投资渠道。子女的教育基金一般需要投资15年，建议长期投资要尽早开始。最重要的是，自己的各项保险是否已经平稳缴纳，退休后的生活是否无虞，医疗费用是否无忧。

50岁以后。孩子成人了，也或许能自力更生了。自己也步入老年，这个时段强调保本，多为自己着想，不要将全部的家当拿出来给孩子买房或是其他，依据自己的需求开始合理支配，为老年生活打底。

总之，女性理财应以自身特点为中心，以生活与工作需要为出发点，有的放矢地制订独特的生涯理财计划，争取生活、理财上的双丰收。从现在开始，学会理财，做个聪明的女人、独立的女人、幸福的女人。

除了这些物质财富和精神财富之外，人脉是人生最无价的财富，人脉即财脉，善用人脉者日进斗金。一个人赚的钱，12.5%来自知识，87.5%来自关系，我们必须在人脉关系上花费80%的时间、精力和资源。所以，尽早积累自己的人脉很重要。

美国大亨洛克菲勒在其全盛时期曾感慨地说："与人相处的能力，如果能像糖和咖啡一样买得到的话，我会为这种能力多付一些钱。"而美国人更有名言说：20岁靠体力赚钱，30岁靠脑力赚钱，40岁以后则靠交情赚钱。人生活在社会中，从小到大，时时刻刻要与人打交道。人的社会关系有四种，依次是血缘关系、地缘关系、业缘关系、学缘关系。

积累自己的人脉

血缘关系。血缘人脉是指和我们有血缘关系的亲人们，指的是家族、宗族、种族形成的血缘人脉关系。血缘人脉是一种随着你的出生就存在着的人脉，这种人脉关系一般都是非常稳定和牢靠的，但是同时又是比较脆弱的，如果你不加以注意和呵护，或许就会失去这个重要的人脉资源。与具有血缘关系的人相处要注意两点，一是感恩，二是理解。所谓感恩，就是即使你最亲近的人为你做了某件事情，你也一定要懂得去感谢对方。所谓理解，就是站在对方的角度考虑问题，不要因为一点小事情而破坏你们之间的感情，一切以亲情为重。

地缘关系。因地域而形成的人脉。老乡关系因所处地域的大小而不同，出了乡，同乡的是老乡，出了县，同县的是老乡，出了省，同省的是老乡，出了国，全中国的人都是老乡。在人的联系表中，应把"老乡"这一属性作为重点属性标注。对待同乡的交往，不要抱以功利心态。与你是同乡，并不意味着他就一定会帮你，重要的是与之建立长久的互惠关系，而非为了特定的目的而进行交往。

业缘关系。工作上交朋友最难，因为有层层的利益关系。现代的商务型社会中，人情并不起作用。不学无术也能成功，显然是不现实的。真正稳固的人际关系，要通过工作来建立信赖，强大的人脉与强大的工作能力，这二者是相辅相成、缺一不可的。

学缘关系。学生时代，最基本的人脉就是同学。同学之间朝夕相处，彼此间对对方的性格、脾气、爱好、兴趣等能够深入了解。因此，在同学中最容易找到合适的朋友。同学之间的关系，是人生中最亲近的一种关系，也是你人生中最重要的人脉关系之一。

人际交往中有一个 10-30-60 原则，就是一个人的朋友大致也就 100 个左右，其中 10 个人跟你关系很铁，30 个人与你有比较深的关系，60 个人与你是普通朋友，大可以进行思想和资源的交换。而这些朋友，如何分类，如何保留，则需要你认真地筛选和维护。

干哪一行，不等于你整个人就卖给了那一行

干哪一行，不等于你整个人就卖给了那一行。

这句话的道理，有三层意思。

第一层意思，就是不要太拼命，你没有卖给那一行，留点空间和余地给自己的生活。要懂得享受，也要懂得去抽离自己与工作。

第二层意思，不要拘泥于只做那一行。三百六十行，行行出状元，其他的行业也可以有所涉猎。行业和行业之间没有刻板的分界，有所联系是正常的，更是必然的。对自己的行业要精，其他的行业要通，尤其是与自己的行业相关相通的行业。

第三层意思，如果不适应自己的行业，该转行的时候也要果断。山路十八

弯，水路九连环，漫漫职场路，多少人能坚持一条道走到黑？职业转型——这是一个绕不开的职场话题，也是一个充满困惑和挣扎的难题。

莫梅梅是一家房地产公司的售楼小姐，基本上是一个楼盘售完之后就跟着流水线到另外一个楼盘。年复一年，她卖的房子越来越多，已经成为年度售楼小姐冠军了。很多人看到她都很惊讶，一个如此娇弱的女孩子，已经是一个身价上万的人了。她是怎么卖出那么多套房子，比第二名要多出将近300套。

大家一直以为她是一个工作狂，一定是那种将所有的时间全扑在工作上，不顾家庭的女人。但是记者在采访她的时候，发现她完全是一个很温和居家的女人。她是售楼小姐中年纪最大的，并不漂亮也不惹眼。而且，她看上去很文静，并不是遇到一个人就会喋喋不休地拼命游说个不停，也不会强行推销。当然，她很喜欢这份工作。

她将生活、工作、家庭都打理得很好，不会将工作带到生活中，不会因为工作而影响自己家庭生活。因为她觉得，老公在外面打拼已经很累，无暇顾及家里了，如果自己再拼命执著于工作，一定会给家庭带来更多的影响。

因为有家庭，所以身边有许多围绕家庭成员建立起来的关系网。比如自己女儿的同学家长、老公的同事、父母的病友什么的，在知道她是卖房子的后，都会来找她，她也会相应地尽自己的能力，根据他们的需求提供最合适的房源。无论对方满意与否，她都不会参与作决定，只是微笑着听着，将房子的所有情况全盘托出，不会夸大，也不会隐瞒。她就是留给人一种信得过的感觉，倒是越来越多的人来找她看房，都是朋友介绍朋友。

但在她的休闲时间，无聊的时候，也会关注很多东西，即使是其他相关行业的，比如哪里要修路、公交怎么改线，还有哪个区会兴建一个新的农贸市场，她都会一一了解。在介绍房子的时候，都会将这些与潜在居住者相关的事情一一讲到，让人们有一个更深刻的了解。虽然她不漂亮，没有办法用一些非正常的公关手段来为自己争取到一些客户，但她就是用平平实实的付出，用一点一滴的积累为自己创造了成功。

有六Q的女人最好命

其实，将工作做到成功，在自己那一行做到出彩，并不意味着要以生活的全部作为代价，不是将自己卖给那一行。人是为了生活而工作，不是为了工作而生活。工作固然重要，但是生活也一样重要。

都说女怕嫁错郎，男怕入错行。实际上，女也怕入错行，尤其是人生的第一份工作很重要，很可能以后就在这个圈子里来来去去了。即使转行，也发现很难。新的行业，得从头再来，而自己曾经积累下来的经验便会毫无用处，甚至损失了曾经成长的代价。

但是也不要惧怕转行，毕竟，人的选择也会有出错的时候，也要试着发现自己最适合哪一行，然后慎重抉择。如果想要做得成功，最关键的，是要用心工作，聪明地工作，合理地利用工作的时间，无论在哪一行、哪一业都一样会做得很好。

"你对自己的现状感到满意吗？"这是职业规划师经常问的一个问题。"不满意，但我没有更多的选择。"这是最常听到的回答。我们也许会奇怪，为什么如此多的人对自己的工作毫不满意，却不试图去改变它？而这种情形，似乎也经常发生在我们每个人的身上。

转行乃人生之重大事宜，还需要付出沉重的成本，的确需三思而后行。但只要挑自己感兴趣、有基础的范畴来做，把结束作为另一个开始，便也能完成一次华丽的转身。在发现自己想要转行的时候，要及早做准备。

萧茹辛留学8年，会4国语言，家里是做钢材生意的。但她不肯继承祖业。博士毕业后，就留在美国，当了欧盟的自由翻译人员，陆续担任了十余场国际会议的同声传译。

在国内，同声传译是一个很有技术含量的工种，属于急缺人才，薪水每小时以千元起计酬。但在欧洲，会说多国语言的人比比皆是，人才相对普通，同声传译也只是一份普通职业。而且会议不是天天都有，所以译员挣的并不像想象中那么多，但是，她喜欢那种自由，喜欢借作为传译者的身份，去参加众多正式高端的会议。因为在众多人的注视下，让她觉得有存在感。

做了将近4年的同声传译，萧茹辛便萌生去意，因为她发现这份工作缺乏保障性，有点"召之即来，挥之即去"的味道。加上金融危机愈演愈烈，国际会务预算缩减，欧洲企业哀鸿遍野，她的工作量也日益减少。但是她却不知不觉对金融行业萌生了兴趣。毕竟她出身于商人世家，骨子里有着商人的敏锐和机警，她总是想弄清楚金融危机背后深层次的原因，她觉得是一件很令人兴奋的事情。她开始每天观看BBC新闻、阅读《金融时报》（Financial Times）、浏览行业公司网站、获取金融知识和行业最新动态、了解公司人事变动和招聘需求。

终于在一天如愿以偿，她成为了一家网络公司的业务助理，很快如鱼得水，渐渐地上升到了业务经理。

从同声传译转入金融业，看似跨度很大，其实不然。英文突出又略通商务、金融知识的应聘者，通常最受雇主青睐。由此看来，萧茹辛的转型并非特例，而是具备普遍的参考价值。当然，她的翻译生涯也并未结束，工作之余，她还是会在各种会议担任同声传译。

让周围的专业人士成就你

站在巨人的肩膀上，才可以看得更远。有了专业人士的指导，你才会少走很多冤枉路，更快速高效地获得成功。一个人可以做很多事，但是在复杂的工作面前，还需要合作、需要帮助。一个人的知识和能力都有限，需要专业人士的指导和帮助。

曹梦非是一家公司的老总，她不甘于只是在一家电视台上班，只是做一名普通的职员。而是想独立门户，她喜欢广告，于是决定创办广告公司，但是广告公司并不是她的专业范围，而只是她的理想。

她本身积累下的人脉资源都不是来自于商界，所以她的人脉资源很多都浪费了，她找不到一个突破口。自己虽然经营的是广告公司，但是却连本公司的知名度都打不出去，更别说是去给其他公司和产品做广告了。

但是她意识不到这一点，只是由着自己的处世方法来做事。她很注重细节，细节到地板上不能有一滴水，桌子上不能摆一本杂志，每个人的凳子永远都得摆放整齐。这些细节让所有的员工不胜其烦，导致员工流动性很大，只有一些刚毕业急需工作经验的本科生才会留下来，苦干几个月，攒下一些积蓄后就走人。

她的管理方法有问题，却从来没有意识到自己的问题，她重用的人都是一些顺从她的意思、没有个性没有思想的人，有能力、有才华的人都被压制。渐渐地，公司的业务越来越差。几乎只能靠她一个人吃老本来拉业务了，而且每次客户几乎只是跟她合作一次，就不会再合作第二次了。

公司维持了不到3年，最后以倒闭告终。

这个社会，不是靠满腔热情和理想就能够运营一个公司的，而是要靠一些专业的管理经验，还有最基本的市场运营理念。曹梦非失败就失败在按自己的个人喜好来选择人才，而不是以人才是否专业为主

而实际上，她也曾经招募过一些专业人士，只是她总是横加干涉他们的工作，事事亲力亲为，还怀疑他们的动机及忠诚，自己很累，那些专业人才也很累。最后这些人都一一离开了，而她的事业后来更是走了下坡路。

其实在我们周围，有许多有不同专业又很专业的人，合理利用他们的力量，不仅可以少走弯路，还可以物尽其用，能将事情做到最为完美，何乐而不为？

我们知道，很多艺人去参加考试之前都会提前准备一些东西，但是对什么都没有造诣的他们都会去请教一些老师，让这些老师教他们一些最简单的技能。或是舞蹈、或是长笛、或是二胡，最后这些人也凭这些现学现卖的小技艺进入了向往的学校。

试想一下，如果他们不去向周围的人求教，而是凭一己之力，即使再勤学苦练，也找不到入门的关口，即使最后悟到了，也已经错过了机会。而向周围的专业人士求教，是实现自己梦想最好的方式。

向周围的专业人士请教，首先要承认自己的不足，一杯水倒空了才能装进去东西，同时还要认可专业人士的实力，这既是对对方的尊重，也是对自己的一种心理暗示。有一颗谦虚的心，才能够包容和接纳。

宋喜悦和乐修梅是邻居也是同班同学，但是性格不同，从小就表现出来。宋喜悦一直自视甚高，觉得自己无所不知、无所不晓，遇到不会的难题，也从来不肯承认自己不会，总是找许多借口。乐修梅则是很谦逊，从来不会气势凌人、压人一头，有什么不懂的、不会的都会找人请教，不会背负沉重的心理负担。

但两种性格的人还是成为了朋友，一起长大、一起读书、一起工作。只不过，读的专业不一样，工作也不一样，宋喜悦在一家公司做会计，乐修梅在一家公司当美编。虽然都是本专业出身，但是等到参加工作，才发现自己所学的东西真是少之又少，而且离工作要求还相差甚远，许多都需要从头学起。

宋喜悦仍然保持着一贯的作风，对于不懂的、不会的，都是自己琢磨研究，不肯请教别人。或许是自尊心作祟的缘故，她怕别人知道自己的无知，只是拼命加班补课，常常在最后一分钟才交报表或是其他，而且还不是很完美，总会有一些纰漏，有一次因为要花一些时间修改，差点误了总公司的大事，为此被记了大过，延迟了3个月的转正时间。这是她走出校门后所得到的第一个沉痛的教训，也正是这一次，她开始变得不再掩藏自己的不懂了。而且她也发现，没有必要担心专业人士拒绝帮助自己，因为每个人都是好为人师，很乐于显示自己的水平的。他们更喜欢将自己所擅长的东西与他人分享。

而乐修梅还是跟以前一样乐于问人，因为是新的软件，她对一些功能不是很了解，便请老资历的同事手把手地教自己，很快弄懂了所有的编辑程序，最后她的技术水平青出于蓝，很快转正。但是由于公司的人际关系有一些复杂，彼此之间有一些明争暗斗，生性单纯的乐修梅4年之后便辞职了。她坚持4年的原因，是想将所有的东西全学会，无论是自己的专业，还是一些管理知识。她也想拥有一间自己的工作室，而想不到这个梦想4年之后便成真了，与她搭档的便是宋喜悦。

乐修梅投资比较多,所以是总经理,宋喜悦则是副总经理。因为都不是特别精于管理,她们找了专业的营销人才和管理人才,宋喜悦是财务总监,乐修梅则是艺术总监。

她们两个人的专业,加上外来人士的专业,使公司很平稳地开始起航,并最终越做越大,以口碑铸就了品牌,在业界也开始小有名气,就连她们原来公司的人,也开始慢慢投奔到此了。

乐修梅和宋喜悦的成功不仅是因为她们一方面放手借助了专业人士的力量,更重要的是她们自己本身就是专业人士。只是术业有专攻,专攻的方向不同而已。实际上,真正成就自己的人是自己,与其总是向别人求救,不如把自己变成最专业的人,至少要专攻于一门,这样在成就自己的同时,也给了成就别人的机会。

第二章
情绪波动往往决定人生起伏
情绪商数（EQ）

> 有思想，便会有情绪。女人天生敏感，情绪更有多种，而情绪又牵引着人的行为，一个人的情绪可以决定你一生的命运。能控制好情绪的人，人生是平安的也是容易富足的。无法控制情绪的人，这一生注定了要大起大落，甚至误入歧途。一个女人，学会时刻控制自己的情绪，就能寻求真正的方向并支配命运。

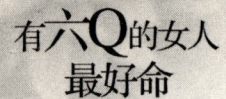

第一节
亲和力是女人的天生优势

一个亲和力很强的人,最容易和人走近,能在短时间内交到朋友,带来人气、带来热闹,甚至带来财富。女人的亲和力是天生的,也是后天修炼的,一个善解人意的微笑,一句体贴而温暖的话,一套让人心悦诚服的处世哲学,都能给自己带来好人缘。

女人本色:快速与人搭起关系的六大技巧

人际关系对女人来讲,既是强项也是弱项。强在,女人特别容易快速建立与对方的关系,这有性别的原因,也有性格的原因。弱在,女人的人际关系经常会很脆弱,无法保持长久。或许是因为没有好好地维护自己的人际,或许是随着时间的流逝,一些朋友人情都渐渐淡去,也或许在最初的时候,在搭起人际关系的时候就存在了后患。这里,我们有六大技巧,以避免以后再犯同样的错误。

1. 剖析对方的名字

名字不仅是一种代号,在很大程度上也是一个人的象征,而且每个人的名字都有一定的含义及由来。利用自己的知识将对方的名字进行很好的演绎,加上一些听起来有玄机的剖析,一定会让对方觉得高兴。而且,对方也会将自己名字的前因后果大说一番,你只要保持一种认真倾听的姿态,对方的兴致一定会很高。

当然,事后一定要记住对方的名字,并且再见面的时候,还会准确地将其名字的由来复述出来，对方会有一种被尊重和被重视的感觉。

2. 赞美对方，让其产生适度的优越感

"赞美"这种东西，不管是对赞美的人，还是被赞美的人，都只有好处没有坏处。每个人都有虚荣心，也都很在乎自己在别人眼里的第一印象，如果你当场给予赞美，即满足了对方的"自我肯定欲求"。即使对方明明知道你的话里有一些夸大、奉承或是客套的成分，但是对方还是会很高兴。换位思考一下，我们往往会对那些满足了自己"自我肯定欲求"的人产生好感与亲近感，所以，如果我们这样对别人，一定能换来对方的好感。

不过，这种赞美要适度，不能太过于夸张，也不要乱赞美，因为过犹不及。也不要初次见面就讲一堆赞美的话，否则会适得其反，会让对方产生不自在感，不仅不会拉近彼此的距离，还会让人觉得很假。要在接触几次之后，自然而然地表达出自己最真实的想法。如果在认识当天，一定要表达赞美之意的话，可以在分别时或是分别后用短信、邮件的形式简单地表达自己的赞美。

还有，在赞美对方的时候，如果对方否定了自己的赞美，不是他/她并不接受你的赞美，而是为了谦虚一下。如果你这时继续肯定你的赞美，会让对方觉得你是真诚并真实的。如果我们没有及时地再一次肯定自己的观点，最初的赞美就白废了。

3. 说些自己的私事，从而拉近彼此间的距离

如果想拉近彼此的心理距离，还有一个方法，那就是向对方倾诉一些自己的秘密、过去的糗事、曾经生过的疾病等，或谈论隐私性的话题。尤其是当他（她）知道你从未向任何人提及这些秘密时，就会有一种独一无二的被信任感，对你的亲切感会立刻升温。这就叫做"自我告白"。

向对方说自己的私事、进行自我告白的时机一定要把握好，一定要在双方有一定了解的情况下。一般情况下，向对方倾诉秘密的时候，总是希望对方也拿相应的秘密或是心事来交换，即"自我告白的回报性"。所以，时机一定要是双方熟悉到可以交换秘密，有了一定信任感的时候。如果两个人彼此了解得还不多，对方可能会对自己存有戒心，一方面觉得不说自己的秘密不太礼貌，另一方面又会觉得还未到敞开心扉的程度，就会很纠结。还是不要给对方带来这样的压力比较好。

自我告白，也是由浅入深、循序渐进比较好。对于刚认识没多久的朋友，就告诉人家一个具有冲击性的秘密，那非把人吓跑不可。

不过也要记得，出于对自己的保护，说出去的私事及秘密都不要太具私密性，即使散布出去也不会对自己有太大影响，也不要是那种说出去了自己会有心理负担的秘密。

4. 找共同的兴趣爱好

开门不一定就要见山，一见面就大谈工作的事，注定会使人产生反感。不如暂时抛开主题，先谈彼此共同感兴趣的话题，或谈自己日常琐事，以期达到心灵的共鸣。

当人了解到对方和自己存在类似性或共通性时，会感到安心并产生亲近感，进而更容易敞开心扉。这就是"类似性因素"，也是拉近彼此心理距离的一个非常有利的因素。因为，如果两个人有共同的爱好，就会有说不尽的话题，在一起享受共同爱好的同时，也享受了一起度过的美好时光，彼此之间的心理距离也就自然而然地拉近了。

找对方的兴趣爱好很简单，比如拜访时，如果对方家里有宠物，则可由宠物谈起。如果对方家里有古玩字画，即从古玩字画说起，最好选自己相对了解的事物开始。同时，有意让对方去深入介绍一下他们所关注的话题，对方一定兴致盎然、滔滔不绝。

5. 邀请对方帮忙

有意就一些对方力所能及的"困难"向其求救，尤其是向男生。实际上，很多男性最喜欢别人求他帮忙。人都有一种"自尊心"，这是一种认为自己有价值的心理。同时，帮助了别人，也能显示自己的男子汉气概，他的自尊心会得到满足，会认为自己在别人眼里有价值，因为也会感到非常高兴。

当然，接受了别人的帮助一定要表示感谢，这是对人的尊重，也是表达自己礼貌的一种方式，同时也能将自己对他"值得信赖"、"有帮助"的印象很好地传达给他。

6. 通过亲戚、老乡关系来拉近距离

亲戚、老乡这些关系本身就比较亲密，特别是突然得知面前的陌生人与自己有某种关系时，更有一种惊喜的感觉。故而，若得知与对方有这类关系，寒暄之后，不妨直接讲出，这样很容易拉近两人的距离，使人一见如故，易于建立信任感，气氛也会好很多。

当然，与人搭起最基本的人际关系只是万里长征的第一步，以后的路还需要更用心地去走。排除可能出现的障碍，使关系更和谐。

让别人觉得你是自己人

一个心理学研究者给某大学的女生拍了照片，然后给她呈现一张真实的照片和一张经过 PS 之后的。研究者询问她们更喜欢自己的哪张照片，很多人都回答喜欢经过加工了的，因为经过加工后，有一个不同气质的自己，而且是想象中的自己。

但当研究者把她们好朋友的照片呈现给她们时，她们不约而同都选择了那张真实的照片，因为那里有她们最熟悉的影子，是好朋友最常态的表现。而经过加工过的照片让她们觉得有一些陌生，难以亲近，似乎不再是曾经的那个自己人。

这种偏爱会对我们生活中的选择产生很大的影响，我们每个人都愿意去主动接受自己熟悉的人，如果有的时候，发现一个人跟自己的朋友亲人长得很像，就会不由自主多看一眼。

同样地，如果让人觉得你是自己人，就更能得到别人的接近。那么，如何让人觉得你是自己人呢？

第一，主动表现自己的友好

"你好"、"吃过了吗"、"今天好冷啊"之类的问候与寒暄的话语，虽然只有只言片语，但却是通向你与别人深入交谈的一座桥梁，同时它也是你向别人主动示好的一种方式。

到一个新的工作环境或者搬去新的住所，千万不能自卑退缩，被动地等别人来理你，可以主动送一些小礼物，礼物不要太重，简单的水果或是甜点就可以，然后介绍自己。

最开始的时候，一定要有主动"凑热闹"的态度，别人在玩，你可以欣赏；别人聊天，你可以倾听，然后找机会加入。不要只是坐着或者听别人发表意见，你要在合适的时候微笑着寒暄，与别人多交流。而在适合自己发挥才能的时候，你更要抓住机会表现，让更多人对你有好印象。

很多人都担心"主动跟人打招呼，会不会显得自己很低贱"、"我这样打扰别人，人家没准会烦的"、"我们彼此并不那么熟悉，这样人家会不会产生排斥心理"等心理负担。正是因为这些心理负担阻碍了我们与人交往的积极性，使我们失去了很多发展友谊的机会。

其实，这种担心是没必要的。在现实生活中，人人都有交往的需要，我们主动交往而对方不加以理会的事情是少见的。如果你尝试着主动和别人攀谈，就会发现，这其实很容易。

第二，增加互动频率

"疏则远，密则亲。"互动频率越密，就越容易认识和了解人，交往的渠道也就越来越畅通。来往的次数与亲密程度往往成正比。生活中我们常可看到，原先关系亲密的两个人，后来由于交往少了，关系可能淡薄下去了；原先不很熟的两个人由于经常在一起活动，关系可能亲密起来。

常虹是一家保险公司的业务员，常常有事无事地到逢年过节给客户发一条短信，打一个电话，对于那些儿女不在身边的老人，她还做一些力所能及的家务活，这些客户本来很多对于很多保险都是可买可不买的，但是在她的执著与坚持下，最后都一一入了保险，还成了她的老客户。

我们已经知道，他人对你的态度是在不断的见面、接触中发生变化和改善的。人际关系要想密切，彼此有一定频率的交往是其前提。

如果你知道对方的手机号码，那么在恰当的时间发一条问候的信息。如果你知道对方的MSN、QQ以及邮箱地址，那么每当看到他在线，就友善地发去一条问候，而当你发现对对方有用的信息时，你也可以通过邮件传给对方。

当你熟悉了对方的一些时间规律，你要分析哪些可以为你所用。比如说你知道他每天上午8:20会准时出现在电梯口，那你完全可以也在那时候等在电梯口，然后微笑着与他聊一些家常。

如果你与一个不是很熟的朋友在合适的时间遇到，你可以热情地请对方去喝茶休闲或者别的你认为可以的活动。如果对方答应，你们又有下一次见面的机会了，因为他多半会回请你，彼此的关系会就此拉近。

第三，制造幽默

幽默是一种智慧，也是一种风度。幽默会让人觉得你的言谈风趣诙谐，会让气氛变得轻松，能引起别人心理上的愉悦，是增进亲密度的催化剂，也是消除紧张感的一剂良药。幽默智慧的人更让人愿意接近、喜欢接近。

幽默更表现在自嘲上。著名的女主持人杨澜还在担任《正大综艺》节目主持人时，曾被邀请为某市的一次大型文艺晚会担任主持人。出人意料的是，在演出晚会进行到中途时，杨澜不小心在下台阶时摔了下来。在这种大型场合出现如此情况，确实令人尴尬。但杨澜非常沉着地站了起来，很自然地整理了一下衣物，保持着微笑对台下的观众说："真是马有失蹄，人有失足呀。我刚才的狮子滚绣球的节目滚得还不熟练吧？看来这次演出的台阶不是那么好下哩！但台上的节目会很精彩的，不信，你们瞧他们。"

杨澜这段自我解嘲式的即兴话语非常成功，不但使自己摆脱了难堪，更显示出了她非凡的口才，以致她话音刚落，会场就立刻爆发出热烈的掌声。女人自嘲，能增添情趣。在一些交际场合，运用自嘲可以增添乐趣、融洽气氛、增进彼此的了解和友谊。

第四，态度真诚温和

无论是何种场合的交往、谈话，都要保持良好的心态，以真诚的态度来待人接物，因为只有付出诚心，才能换得真心。在倾听别人说话时，不要表现出漫不经心的样子。即使自己对别人的话没兴趣，也要等人家把话说完。切忌打断别人的谈话，否则会很扫别人的兴，并渐渐地跟你疏远。你认真聆听别人的谈话，别人会感到你尊重他，尊重别人，别人自然也会尊重你。

交往时态度要温和，温和的语气能使谈话有效地进行，即使有分歧，也要保持情绪冷静，语气仍然一贯的正常，以高兴和热诚的心情去对待别人。

第五，注意细节

你与别人在交往时，可以先从一些细节开始。比如，注意对方的爱好、对方的习惯、对方发型的变化或是随身物品的替换，对方会觉得你很在意他、关心他，能引起对方的话题和谈话兴趣，你会因此而受到对方的热情"礼遇"。

尽量不谈回报地先为别人做点什么

小猪：妈妈，人类那么有能力，为什么要伺候我们呢？

猪妈妈：这就是人类的聪明之处，虽然我们现在衣食无忧，但我们是以生命为代价的；人类伺候我们，是为了吃我们的肉。先付出，后索取；先做孙子，后做爷爷，这是人类最擅长的事。

这是一则带些沉重的寓言，但是清楚地告诉了我们，若要取之，必先予之。无论是对没有自主能力的动物还是对有思想能力的人。

尽量不谈回报地先为别人做点什么，这样就可在心理上赢得比别人优越的债权感。一个人的社会地位是别人对他负有的社会债务感的总和。要从别人那里得到什么，就一定就要先给予对方点什么。

我们到饭店，一般都是先付钱后吃饭。去超市也是，随便拿取一些商品，最后再付账，但是最后获利的一定是饭店及超市。

当我们设法邀请他人，不管是顾客、同事还是与熟人进行合作时，都应该以真诚且完全没有附带条件的方式给予帮助。用这种方法来处理可能的合作关系，不仅能帮助你在第一时间获得他们的赞同，也可确保这一合作关系是建立在信任及互相肯定的基础上。

做人做事也是如此，不要担心自己的付出不会有回报，人的本性就是先得到后回报的。你帮助了别人，别人会记在心里，在一定的时间予以回报的。

陈慧珍大学毕业后，开始找工作，因为就业形势严峻，她碰了很多次壁，但仍然坚持着，珍惜每一次机会。有一天，她参加三试的时候，面试官问她的第一句话，居然不是专业，不是工作经历，也不是薪资，而是："你妈妈是开公交车的吗？"

陈慧珍一愣，但还是认真地回答了："是的，127路。"

面试官笑了笑："果然，你们长得真像。五官、举手投足几乎一模一样。"

陈慧珍没有说话，还是被这没头没脑的问话问得有一些紧张，被面试官看到了。面试官安慰她："不要紧张，我认识你的妈妈。我读书的时候，一直是坐着她的公交车上学的，虽然不知道她的名字，但是却印象深刻。"

原来，陈慧珍的妈妈虽然只是一名普通的公交司机，但是却被经常坐她车的人深深记住。虽然她是一个女司机，但是开车又准时又稳，从来不会让人东倒西歪，有着女人特有的细心与专注。最主要的是，她负责的公交车总是最干净的，再辛苦再累，她都让自己的车保持得干净整洁，无论内外。比起其他公交车布满泥土和灰尘，这辆车是当初这条线路上的人们最真切的记忆。

而且，她总是会随身带有零钱，为那些随身没钱的人来兑换。如果车上有人身体不适，她总会及时提供帮助，有许多人都受过她或多或少的帮助，其中就包括陈慧珍的面试官。

面试官小时候很调皮，经常在车上跟人打打闹闹的，有一次，将第二天考试的准考证落在了公交车上，是高考的准考证。

陈慧珍的妈妈是在晚上收车的时候才发现的，对照片上面的男孩子，她一直都有印象，甚至知道他平时都在哪里上的车。当天晚上，她就带着女儿，在男孩子上车的地方一家家地找。最后找到的时候已经很晚了。

但是面试官全家都记住了那个公交女司机，还有那个小小的、怯怯的女儿。

这世界真小，不知道这个有缘的人哪天还会再见，就是因为年少时候的经历，面试官认定陈慧珍也是一个善良懂事的女孩子。虽然陈慧珍的专业和她所从事的工作有一些不同，但是面试官还是给了她这个机会。

得到这次机会的陈慧珍每天都非常勤奋，加班加点地学习各种业务知识，还买了相关的书籍回家看。因为是新人，她还要被指使做很多事情，她都一一接受，不会有任何不快的神色。

3个月之后，她的工作能力及业务能力都进步提升很快，一方面是源于自己的刻苦好学，另一方面是因为她经常不求回报地替别人做事，别人也很愿意教她一些经验，这对她来说真是帮助太大了。

不谈回报地为别人做什么，听起来似乎是一件很傻的事情，而实际上了，最后受益的还是自己。要收获必须先付出，若要取之，必先予之，只不过是时间上的逆差罢了。

父母不求回报地为孩子，最后换来的是孩子的孝顺与照顾；恋人不求回报地为对方付出，换来的是一份珍贵的爱情；员工不求回报地为公司，换来的是升职和加薪。无论什么样的付出都会有收获，而且收获的远比付出的要珍贵许多。所以，不要害怕付出，不要害怕付出的多少，或许3天、或许3年、或许30年，总会有一天，会发现自己的付出曾是那么的值得。

虽然有了付出不一定有回报，但没有付出一定不会有回报，这个世界是公平的。付出，是没有公式、没有原则、没有道理可循的。付出，是人的一种本能。

朋友，也需要"使用说明书"

在我们的生活中，时刻不会缺少说明书。无论任何产品，都会在包装盒内附上一纸说明书，虽然单薄，却是最有用的武器。因为有了"使用说明书"，我们不担心任何新事物，只要具备了少许知识和文化，即使再高难度的陌生产品我们都不会畏惧。无论是遇到任何困境，只要照章行事，都可以化险为夷。

而交朋友，也需要"使用说明书"，朋友是人生命中最为贵重、最为特殊的"产品"，稍有闪失，就会留下遗憾。同时，朋友的"使用说明书"也是特别的，我们一一分类来整理。

1. 童年的玩伴

这是最纯洁的友谊，也是难以复制的美好，需要加倍地珍惜。即使在成年之后，相处的时候依然加倍亲切。但是，世事无常，分别多年的成年人，由于人生轨迹的差异，必然在观念、行为、能力、见识、经验等多方面有明显的差异。所以要重新认识对方，不要因为对方是自己童年的玩伴而失去原则，更不要因为对方的改变而全盘否定最初的美好。

2. 同窗好友

同窗好友在学校由学习成绩、活动能力排定位次；毕业之后，则依靠个人能力、社会地位，甚至金钱多少等因素重新定位。

同窗之间可以多走动，即使没有利益往来，因为同学年少，一起走过最青葱最快乐的日子，单纯的友情也是属于校园里最珍贵的东西，不会因为岁月的侵蚀而改变。需要用心珍惜和呵护，那是人生最富贵的资源。

毕业多年之后，同学们之间会有很大的变化，几乎每一个同学都是自己人际关系中的一员。从功利的角度来讲，同窗之情最有利。尤其是大学同学，因为专业相同，多在同一领域发展，往往可以相互帮助，并可能提供人生最关键的发展机会。所以,大学同学一定要有必要的联系,常联系、多联系,多关注彼此的动态。

再好的同学,也时常问候一下,因为几乎每个人都孤单,都需要朋友。时间可以改变一些东西,要在它改变这些之前保持住。

3. 同事之间

同事既是同盟者也是竞争者,通常伴随着直接的利益关系,所以同事的关系会有一些微妙。同事之间不要抱太高的期望,因为直接的利益关系往往对朋友关系不利。同事之间应当是有距离的功利性朋友。

而且,每一个组织中都有不同的小团队存在,同事之间组团要慎重,一荣俱荣固然好,但要根据自身的利弊情况加以权衡。

4. 异性朋友

每个人都会有异性朋友,尤其是女孩子。女孩子和异性朋友相处尤其要小心,稍有不慎就会给自己带来麻烦,因为异性朋友之间是有一些精神恋爱和依赖的成分在里面的。所以,和一般的异性朋友不要太亲密,避免引起不必要的误会,要刻意保持一定的距离。精神依赖也要有精神依赖的尺度,不要突破界限。

5. 不同身份地位的朋友

人的一生,要接触三教九流的人很多。朋友大多数都是和自己相似的人,但是也会有其他层次的朋友,而且结识不同层次的朋友还是有必要的。与比自己身份地位高的人做朋友,也不要有卑微之心。因为如果是朋友,就是平等的。这种朋友都是有足够实力的,是最得力的资源。但是也不能轻易动用,除非到了关键时刻。

对不及自己的朋友,首先应当尊重对方,既然是朋友,就应该急朋友所急,思朋友所思。在他们需要的时候,伸出援助之手。不要吝惜自己的好意,因为这个社会就是环环相扣的,种种关系都可以延续,自己和朋友的关系会福及下一代,一定会有相应的回报。

6. 朋友间的利益往来

朋友相处是互惠互利的交往,但要做到既能维护自己的利益,也要有节制,顾及朋友的利益，如果一方损耗过大，失了衡，朋友关系便不会长久。用较少的利益换取一个好朋友是值得的；同样地，用较大的利益放弃一个不合适的朋友也是合适的。

朋友之间多少都会面对利益的冲突，利益冲突往往可以凸显一个人的本性。在利益转化和分配的过程中，我们也认识了自己。

朋友之间，绝对不能暗箱操作，背后捅刀子，否则一定会得不偿失。在人与人之间，模糊有利于审美，而清晰则有利于合作。

所以，朋友之间的利益往来，一定要拿到明处，必须"公事公办"，比如说借钱，借条一定要打，必要的证据要有，以强化朋友的安全感，尤其一点要明确，告诉对方自己还钱的准确时间。借小钱也一定要还，哪怕用另外的方式还钱，例如买一个小礼物、请对方吃一顿饭。当然，不要轻易向朋友张口借钱。

朋友向自己借钱，应当注意两个原则：量力而为和评估关系。量力而为可以避免因为借钱给朋友而使自己陷入拮据的窘境，也就是借给朋友自己多余的钱，而不是所有的钱。

7. 朋友之间的拒绝与接受

朋友向自己提出令自己为难的要求，应当具体事情具体分析，妥善处理，首先应当明确，自己是否有能力解决这个问题。如果自己有能力解决这个问题，就尽可能地帮助朋友。

当然，也可以收取朋友的报酬，毕竟，天下没有免费的午餐。只要要价合理，彼此双方都能接受即可。

如果把握不大，但不好拒绝，也可以将自己会面临的困境坦然地告诉提出要求的朋友，让对方理解自己的困难和代价，即使最后没有办法成功也可以成仁。

如果力有不逮，就不要硬撑，学会说不。并及时、详细地向朋友解释，不是自己不帮忙，而是自己确实无能为力。这样对双方都有利，对于自己，也算是对朋友有了一个交代；对于朋友，也能明白此路不通，应当再想新的办法。

当然，如果自己请求朋友做事，如果对方拒绝了自己的要求，一定要顺着朋友搭的台阶往下走,不要使朋友难堪。如果对方是刻意拒绝,就没有再深交的必要,如果对方确实有难处,失望之余也要体谅一些。

8. 定期过滤自己的朋友簿

人的一生,总要结识许多朋友,像是流逝的溪流,总会留下一些泥沙,再重新带走一些。交朋友也是一样,不是所有的人都可以成为朋友,经过时间的考验,真假自现。

有的朋友会被筛选下去,但是在筛选掉之时,也不要起正面冲突。伤人的话,永远不要说出口,要给双方都留有余地,你留给别人的余地也是留给自己的。而且,自己默默从对方的世界里消失就是最好的方法。

第二节
该清醒时清醒，该糊涂时糊涂

有人说："人生最苦的是清醒，人生最难的是糊涂。"可是，什么时候该清醒、什么时候该糊涂，这就需要我们通过自身的体验来寻找答案。

"经常"保持清醒，你就不会慌张、忧虑、不安、迷惑，你就会冷静地处理所面临的问题；"偶尔"学会糊涂，你就不会执著地去做一些无聊的事，你就不会猜疑、彷徨、烦躁、患得患失，你就会获得安宁和平静。

女人要"知趣"，万事留余地

万事留余地，给自己也给别人。给别人留余地，不要把对方逼到墙角里。给自己留余地，进可攻，退可守。

即使自己有把握的事情，也不必把话说满，可以说"我试试看"、"我尽量去帮你"，不要大包大揽地全放到自己身上。因为世事无常，充满了不确定性，将话得太满，也是在给自己施加压力。所以，不要为难自己。将事做得太绝，只会将自己逼上绝路。

古希腊神话里有这样一个传说：太阳神阿波罗的儿子法厄同驾起装饰豪华的太阳车横冲直撞、恣意驰骋。当他来到一处悬崖峭壁上时，恰好与月亮车相遇。月亮车正欲掉头退回时，法厄同倚仗太阳车辕粗力大的优势，一直逼到月亮车的尾部，不给对方留一点回旋的余地。

有六Q的女人最好命

正当法厄同看着难以自保的月亮车而幸灾乐祸时,他自己的太阳车也走到了绝路上,连掉转车头的余地都没有了。向前进一步是危险,向后退一步是灾难。但是骄傲的法厄同并没有任何后退的意思,他的字典里没有屈服和妥协,仍然不计后果地向前冲过去,最终葬身崖底,而且还白白搭上了月亮车,两败俱伤。

人生一世,千万不要使自己的思维和言行沿着某一固定的方向发展,而应在发展过程中冷静地认识、判断各种可能发生的事情,以便能有足够的回旋余地来采取机动的应对措施。

"满招损,谦受益"。你在尊重别人的同时,也会受到别人的尊重。给别人留余地,是一种善意,不仅仅是为对方考虑、对对方有益,更是为自己考虑、对自己有益,也能给自己带来转机。

曹琪是一家公司的行政主管,大大小小的事情都归她管。她还不到30岁,就已经做到这个位置,总是会让一些久不晋升的人有一些敌意。所以,那些人总是倚老卖老,仗着有一些资历就给曹琪下马威,让她下不来台。

她看在眼里,明白这些人的处境,尽可能地多做一些事情。但是那些人更以为她好欺负,变得越来越嚣张。

有一天,这些人又聚在一起抽烟,而且是在明令禁止的地方。那个地方如果引起火灾,后果将不堪设想。

曹琪抬头看了看牌子,并没有得理不饶人地驱逐他们出去,而是上前将窗户门都默默地全部打开,将灭火器放到最明显的地方。那些人虽然明白她的用意,但并不给面子,仍是自顾自地抽个不停。

曹琪看到这些,没有说什么,但是很着急,如果出了事情,一定是她担责任,她不知道就罢了,现在已经知道了,如果不能及时作出处理,最后失责的是她。她觉得自己必须要直面这些人,不能总是躲着,虽然不能正面指责这些人,但是与他们沟通讲道理还是可以的。

于是,她重新站到这些人面前,带有一些气愤地说,这里抽烟很危险,你们可以对自己不负责,但是你们还有家人,而在其他岗位上工作的人,也有自己的家庭，你们这样做会毁了这个厂。如果说是想针对我，大可冲我一个人来，什么招我都接，我隐忍不是因为怕，我是为了顾全大局、为了工作，你们私下里怎样对我都没有关系，工作是工作，情绪是情绪。

她说完之后，大家很安静，有一些扎堆的人，看了一下周围人的反应，猛吸了两口，便灭掉了。双方对峙着，火药味很浓。

最终，一个、两个、三个，越来越多的人开始灭烟。曹琪意识到大家都有一些退让，自己便不再坚持了。

她又说："谢谢你们的理解。我不是针对任何个人，我也不是拿着规章条令来压制，我们以后还要相处很长时间，以后还会发生各种各样的事情。你们都是公司的员老级人物，公司需要你们，也不能没有你们，你们任何一个人都不能出事。"

她说完之后，便转身离开了。她知道，那些人是不会当着她的面妥协的，她要回避。果然，不大会儿，那些人都一一离开了，或许是被她的真诚所打动。临走前，还在烟雾散尽之后将门窗重新关好，将一地的烟头也清理干净了。

从此，曹琪似乎没有再遇到过明显的反抗和抵触。她的工作开展得也越来越顺利。

但赵瑛就没有这么幸运了。她在公司做主管的时候，狠狠地呵斥自己的下属，甚至逼得那个人不得不离开公司去了同行的另外一家公司，她甚至还说出了我一个主管就不信整不死你的过分的话来。

临行前，她还擅自扣了他的部分工资。结果几年后，她所在的公司，因为效益不好，面临倒闭，她不得不另谋高就，去的就是曾经那个下属的公司。这时，那个人已经成了新公司的骨干，有了一定的权力和能力来掌控一些事情。她本以为他会念及曾经的同事情份，好心地收留她，但他并没有，面无表情地投了反对票。

你敬人一尺，可能收回来的就是人敬你一丈，留下的余地或许有一天还会转到自己这里来。现如今，人和人之间的关系变得越来越紧密，社会生存的空间也变得越来越小，冤家路窄，总会有一天还会再相逢。如果情形逆转，自己已经不占有利条件，当初没有给人留余地，今天自己也得不到。

所以，在得理的时候也要饶人，知趣一些，见好就收。女人给自己树敌太多，影响形象不说，还会因为心情不好而加速衰老。眼泪和温柔是女人最擅长的武器，太过于强势，最后吃亏的还是自己。

不要让闲话乱了方寸

这个世界离不开闲话，和自己有关的，和自己无关的。和自己无关的，不要去散布，也不要去在意，和自己有关的，更不要去在意。影响了心情，也只是影响自己。如果真的因为闲话而生气、担心、急躁、发怒，只能中了那些闲话者的下怀，最后亲者痛仇者快，得不偿失。

面对闲话，仍然要保持自己的心态，甚至更加从容、更加开心、更加坦荡，更加热爱生活和自己，任"江湖上"的传说起起伏伏。

毕竟，闲话是无法阻止和控制的，闲话的存在是社会的正常现象。英国社会心理学家研究指出，说闲话是人类独有的特性。

英国萨瑞大学心理学家艾姆勒表示，人类聚在一起就是在评论别人、说人家的大小事。根据统计，人们在聊天的时候，有8成的时间都花在交换社会资讯上，很少人会谈书论道、论述古今大事的。

而且，正是因为人类会说他人的长短，所以才渐渐发展出了一个相当复杂、多元的社会。其他的动物则因为不会说三道四、品头论足，所以他们的生存形态一直呈现原始状态。

所以，只能用正确的方式去面对闲话，不要乱了自己的方寸。

首先，自己本身做人要坦荡一些，光明磊落、堂堂正正的就不怕别人的指责与闲言碎语。毕竟,身正不怕影子斜。

而且,如果不想别人说自己闲话,最好先远离这些闲话,不要去充当传闲话的主角。隔墙有耳,自己平时说话的时候也要多加注意。

有专家对300多人进行研究后显示,人类所有对话中有8成是"八卦"闲话,而且女性比男性更爱讲。所以,作为女人,更要懂得克制自己。

与人闲聊时,要分清楚什么事能聊、什么事不能说。尤其是对于职场上的人,必须对自己的行为负责,更要慎重。闲聊时,可以选择天文地理、流行讯息、电影电视、时尚潮流为话题,切记不要谈公司的人事、同事私人八卦,更不能造谣生事。否则会引起同事的反感,也会让主管觉得你工作不够努力、不值得信任,从而失去升迁机会。

其次,要选择性"失聪"。谣言止于智者,只要自己过得好,不要管别人说什么,只要是无伤大雅的,左耳进,右耳出,装作没听见,让日子过得简单单纯的人会比较幸福。听到闲话,最好的方式是保持冷静。

第三,尽量摆正自己的心态。因"人言可畏"而自杀的时代过去了,要培养自己抗击打的能力。可以一笑了之,平静地去面对,也可以冷眼旁观,但一定不要将这些闲话放到心里面。试想一下,说闲话的人,自己说完早已经忘记了,何苦自己还刻意记着?

第四,多与人做一些沟通。人和人之间的沟通少,误会自然少不了。有的闲话或许是因为别人的误解造成的。对于那些是因为基本的理解而形成的闲话,要慢慢试着去沟通,让人去了解真实的自己。或许不是刻意地去与人沟通,而是要抓住机会,改变别人原来错误的观念。也不一定要即刻去澄清,而用自己的行动证明真实的自己。

第五,对一些过分的闲话要出面制止。在所有的闲话中,其实很多都是没有必要去在乎的,虽然谈话中闲话占很大一部分,但有恶意的却不到5%,而真正能对自己产生致命影响的闲话在这5%中又只占据了很小一部分。没有必要将心思浪费在这些没有恶意的评头论足上,权当自己免费充当一下别人的谈资罢了。

但是，对那些过分的闲话、会影响到自己声名的闲话要出面制止，尤其是在自己清楚地知道制造是非的人之后。在关键时刻，对坏人的纵容就是对自己的伤害。面对闲话，自己也要针对不同的轻重程度选择不同的处理方式。

文文从小生活在单亲家庭，由妈妈养大。她有父亲，只是已经和另外的女人结了婚，有了新的孩子。

在别人眼里，她就是一个被父亲抛弃的孩子，被人怜悯也被人欺负。每次放学回家的路上，路上认识的人看到她，都会下意识地和身边的人交头接耳两句。

每当这个时候，她就特别怀疑是在说自己，小小年纪的她不知道该怎么处理，只能低着头匆匆走过。但心里委屈极了，回家躲在妈妈怀里委屈地大哭。女儿哭，妈妈也跟着哭。

文文妈本身也是一个懦弱的人，当初和文文的爸爸离婚，是因为她生了一个女儿，而且不能再要第二胎。因为她本身有心脏病，生文文冒了很大的风险。而那个时候，一心求子的文文爸也在外面有了新的女人。

在他们离婚的那段日子里，文文妈也听够了周围人的闲话，她特别理解女儿的感受。如果被传闲话的是她自己，她也许就忍了，但是这关系到自己的女儿。为了女儿，她不能任其发展。孩子还小，任何事情都会影响到她的成长，如果给她留下心理阴影，将会影响她一辈子。况且，错的不是她，更不是自己的孩子。为什么要让孩子受这份苦？

第二天，她下午提前请了假，将自己打扮一番，早早地等在孩子的校门口，她要陪孩子亲自走一趟回家的路。

文文看到门口的妈妈，高兴地奔过来。母女俩手牵着手，慢慢地走着。路上的人见到她们，有的人只是静静地观望，有的人依然是议论纷纷。

对于那些安静的人，文文妈自然地回看过去，脸上保持着微笑，倒是那些盯着她们看的，会觉得失礼而收回自己的目光，也点头笑笑，便开始忙其他的事情。对于那些看着她们，仍然刻意说个不停还要大声地让她们听到的人，她就拉着孩子走过去，轻声介绍说："你们好，你们应该认识我的，我是村东头的文自华,这是我的女儿文文,我的女儿每天要一个人走这条路回家。我要忙着工作,拜托你们平时多照顾她一些。"

说闲话的人毕竟本身并没有恶意,被她大方得体的问候弄得有一些尴尬了,便都一一笑着点了头。

接下来的几天,文自华也是亲自陪着女儿走过。对于那些议论她们是非的人,她都一一打了招呼,并没有去质问或是责骂,而是说希望他们照顾自己的女儿,女儿性格懦弱,怕受人欺负。

渐渐地,文文一个人走路回家再也不战战兢兢了,并开始和同学一起结伴而行。以往对她指指点点的那些人还会亲切地跟她招呼几句。

也就是从那时起,文文学会了坚强,学会了用正确的、健康的方式来面对这些闲言碎语,不为其所累。

遇事有主意,让人感到你不可侵犯

遇事有主意的人,是最有能力保护自己的人,毕竟,自己保护自己,总比向其他人求助要来得实在。我们每个人都生活在一个集体中,家庭、班级、公司,在家有父母,在班级有班主任,在公司有经理主管,我们的生活离不开这些人的带领和指导。而这些人,在遇到问题的时候一定是起主导作用的,是他们来负责作决定的,我们总是会或多或少去依赖这些人。

但作为女人,我们的生活还是要由自己来主导,我们要有自己的主意,有自己清晰的处世方法和原则。有主意的人,身上会有一种力量,让人依赖,让人有安全感,让人不可侵犯。

孟小菲什么都小,个子小、脸小、人也小、人见犹怜。正是这些小的感觉,让人觉得她需要保护。而实际上,她15岁就开始出门在外,自己照顾自己了。

有六Q的女人最好命

人们跟她接触久了,发现她说话慢条斯理的,不鲁莽也不急躁,有自己的主张和见解,无论做什么事情都会有自己的判断。而且,她的判断会让人觉得令人信服,是经过深思熟虑得来的。

所以,虽然她一个人在外面,却过得很好,能做到自己保护自己,不会受到太大的伤害。朋友们有什么烦心的、无法作决定的事,都会来找她商量,经过她抽丝剥茧、条分缕析,事情似乎就变得明朗起来。

如果一切顺利的话,现在的她或许已经结婚生子了。4年前,大学毕业的她背井离乡跟着恋人一起来到北京,在这个大城市里,她所有的依赖都在他身上。他们是订了婚才离开她的城市的,她就那么死心塌地地跟着他。

本来快要结婚了,只等新房子拿到手装修好,就可以顺理成章有自己的家了。但是没有想到,相爱4年的他们会出现变故。他外面有人了,相恋了4个月便要和孟小菲分手。那时的孟小菲完全懵住了,因为她每天考虑的是去哪里买建材、去什么地方摆喜酒、什么时候要孩子、怎么养孩子。她从来没有想过会分手。

她是意外发现的。他常年在外面出差,两个月回家一次,待半个月的样子,回家的几天里,似乎也没有太过于反常的举动。有一次,她休年假,去他出差的城市找他,天很晚了,他还不睡。她催他,睡吧,不要看电视了,明天接着看不也行吗?反正都是在网上。

他便发脾气,说她管他。两个人大吵,她赌气回了北京。不久他也回来了,便提出了分手。她觉得两个人经常吵架,她以为他是一时没有消气,她也想到了,他可能有新的喜欢的人了。

晚上,她早早地睡了,但一直都没有睡着,直到12点还醒着。她知道他一直在打电话,3个手机都打没电了。他偷偷地把她的手机也拿走准备去打,她感觉到了,但没有吭声。正好他的手机在床头柜上充电,她下意识地打开。看完里面的短信之后,她整整哭了半个小时,他却无动于衷。

他在手机里叫另外一个女人宝贝儿,他告诉她不要放弃,好不容易坚持到现在。他还告诉她，他这次就是来和孟小菲分手的。

孟小菲一直拿着手机，不还给他，他就一一说了出来。他和那个女孩子已经相恋4个月了。孟小菲一阵难过，自己的4年居然敌不过那个人的4个月。

但她决定还是要给他一次机会，如果他肯与那个女人断绝关系。但是他不肯，他打她骂她，说她缠着他，就要赖着嫁给他。

她的心终于冷了，曾经那么喜欢的一个人，一心想要嫁给他的人，怎么忽然变成了这样子。于是，她同意了分手。给他自由，也给自己自由。

分手似乎很简单，她要出去找房子，总不能还住在他们家的房子里，工作也要重新找了，自己在这个城市里的工作是他一手安排的。她不要他的任何恩赐。

她开始为自己的新生活忙碌，他也不再回那个家。3个月之后，她的工作开始稳定，房子也找到了，虽然房租很贵，但还不错，而且也攒了足够的钱来维持自己以后的开支了，她开始着手搬家。

但是他却反悔了，他终于意识到自己要失去什么。他不肯，他的父母也不肯，他们都舍不得。他对她说，不要折腾了，我们还是能在一起的。她说，我们之间的问题，不是能不能在一起，而是以后能不能幸福。他说，你是不是会跟其他的男人走？她说，不会了，我不会再跟任何人走了，为什么男人不肯为我留下来，而一定是我要千里迢迢地去异乡的城市。

她终于搬走了，因为他父母的阻拦，她搬了两次。

他没有任何的表示，他觉得她都是自找的，因为他挽留了她，她还是执意要离开，以后无论什么苦、什么痛都由她自己受好了。

从来不跟人道歉的他，后来又回头找她，她还是很坚定地拒绝了。无论在外面多苦多累，她也愿赌服输。她决定了的事情，不想再拖泥带水地去委曲求全。

遇事有主意的人，意志相对坚定一些，最能把握自己的人生和未来。遇事优柔寡断、拿不定主意的人其实也有很多。心理学家认为，遇事没有主意，是意志薄弱的表现。

意志薄弱有很多原因，或许是因为天生的性格，也或许是家庭的原因，也或许是因为曾经的经验留下的心理创伤。但大多数的原因是出于认知障碍，对问题的本质缺乏清晰的认识。当然。认清事情的本质需要一定阅历和必要知识的积累。

而克服意志薄弱，遇事能拿主意，也需要一步步来培养。

首先，要培养良好的自信、自立、自强、自主的意志力，培养自己的独立性。

其次，要在坚持原则的基础上敢于取舍。

第三，知识和经验的积累。一个人的知识和经验越丰富，其决策水平就越高；反之则越低。这也就是俗话所说的"有胆有识，有识有胆"。

第四，遇事冷静。排除外界的干扰和暗示，稳定情绪，客观地判断事情的走向。

第五，学会主动思考。遇事的时候，第一反应不是要求救，也不是等待别人来告诉自己怎么做，要通过自己的冷静思考、分析之后，再去作决定。

第六，要有积极的心理暗示，相信自己的决策是正确的。当然，发现决策错误的时候，要及时修正和调整。

笨女人是"精明"得让人难以接受的人

女人精明，并没有什么不可。女人精明一些，可以保护自己，可以让自己少受太多无谓的伤害，能成为精明女人的女人一定是一个聪明人。精明的女人总是男人和女人的焦点，特别是漂亮的精明女人总是能成为大家讨论的话题，女人面对精明的女人也许会把她当成是自己的偶像。

因为精明女人意味着聪明能干、有智慧，对生活、对事业有追求，能自立，独立性强，她们善于沟通，还能处理好工作和生活的关系。能做到这些的，就是精明的女人。

精明固然好，但是，那些"精明"得让人难以接受的女人，则已经远远偏离了精明本来的意义，而成了那些耍小聪明甚至做事没有原则、不择手段、机关算尽、不肯吃一点亏，却想占尽便宜的人。物极必反，这些"精明人"往往最后成了不折不扣的笨女人。太精明的女人往往会失去很多，尤其是感情；太精明的女人也许会得到很多，但感受不到真情，只因为她们太过精明。

有一个女孩子叫鞠新梅，她就是一个过于精明的人，因为过于精明，反而显得很笨。

大学一开学，全班人就开始为争一些干部名额、学生会主席等名额而挤破脑袋。鞠新梅就是这些人中的一个，她认为拥有了这些官衔，将会对自己以后的工作和前程有很大的帮助。

但是为了实现这些目标，她使用了很多种方法，贿赂讨好投票的同学，甚至利用匿名信的方式来打压对手。这些，她虽然都做得神不知鬼不觉，但是最后还是被所有的人都知道了。

她也的确通过这些非常手段为自己赢来了职位和地位，但却失去了同学们的友谊和真诚。走进社会的她，将精明的手段更是用得炉火纯青，但是在发展到一定程度之后却再也没有突破和进展，无论她再用什么手段，都得不到身边其他人的帮助和尊重了。

女人不要过于精明，属于自己的东西，要认真踏实、一步步地朝目标前进，用其他非正常的手段获取的，最终也无法属于自己，尤其是在感情上精明的女人。

一般男人都不希望自己的女人精明，他们希望自己的老婆柔弱一些、糊涂一些，小鸟依人才显示出他的高大伟岸。但是过于精明的女人会给他们带来一种无形的压力，让他们找不到做男人的信心和尊严。男人爱的女人，要聪明但不要过于精明，懂得什么时候说什么话、什么时候做什么事，她们不会逼迫、不会勉强，却懂得怎么样抓住时机。

所以，聪明的女人还是适当地装傻一些比较好，不是为了讨好男人，而是为了自己，幸福是靠自己去把握。

有六Q的女人最好命

聪明的女人，该装傻的时候还是要装一些，越是装傻的女人，越聪明。

陈梦芬是一名普通的家庭主妇，当然，结婚之前她工作过，后来嫁给了公司老板之后，就安心退居幕后，消失在大众的视野里了。

很多人都不解，她很普通，普通得连漂亮都称不上。也不是很聪明，没有傲人的文凭做门面，虽然是海归一名，但是公司上上下下70%的人都有海外留学经历。在公司她也一直是策划部的一名小职员，工作4年，她的功劳都被直属领导抢走了，而且死压着不上报她的功绩。又怎么会引起老板的注意，并且心甘情愿地娶了她进门？太不可思议了。

不过老板每年都会召开一次家宴，邀请公司的一些骨干精英去做客。很多人都期待在那天见到陈梦芬，都想知道那个飞上枝头当凤凰的女人现在如何了，有没有被打入冷宫？也有一些人抱着看笑话的心理，

终于那天家宴到了，所有的人都见到了陈梦芬。她脸上带着自然得体的笑容，招呼佣人挂上大家的衣服，安排大家的座次。倒是他老公一改公司里严肃的样子，在她身后笑盈盈的，生怕她有任何闪失，因为她正身怀六甲，据说是一个女儿。

大家一边迎合着老板聊天、说话、吃饭，一边偷偷地注意陈梦芬。她自始至终都没有表现出不自然的表情，她知道大家都在关注她，在暗暗地审视着自己。但她并没有气恼，也没有去刻意地表现自己与老公的恩爱。她并没有待太久，稍微吃了一些东西，便因为身体不便，由老公催着让佣人送回房了。公司的人都有一些嫉妒了。

实际上，陈梦芬并非出身寒门，她的父亲和哥哥都是商界精英，只不过她不依恋家产，不喜欢投身商界，只是想过平凡的生活，所以才按着自己的意愿读书工作。而她与老板实际上早有婚约，只不过她从来没有跟人讲过。在公司做事，也是隐藏得滴水不漏，就做一个普通的小职员。当初老板想给她一个挂名的大职务，是她竭力要求去市场部的，她说只有去核心部门的基层才能更了解公司的情形。

而且，事实也是如此，她在市场部的那几年里，虽然被领导抢功，被同事偷方案，但是她都没有发作，完全扮演着小职员的角色。也正是因为这4年的积累，她对公司的发展及方向有了清晰的了解，她相信公司以后还会有前景，会有更好的发展，而她在的时候，发现了许多问题，无论是公司的发展方向还是一些新的投资项目，她都一一提出了自己的建议。正是因为了解了公司，公司才慢慢扩大运营，虽然她没有实质性地参与，但却是不可忽视的力量。正是因为清楚公司的状况，她才得以安心回归家庭。

懂得在什么时候三缄其口

在时下个性张扬、才华尽展的社会里，沉默被视为"无作为"、"无能力"，一有机会，男女老少都想发表宏论，展示自我。这边李宗盛唱着"这个世界太喧哗，让沉默的人显得有点傻"，那边费玉清也和着"沉默年代，或许不该太遥远地相爱"。但也正是在这样的时代里，靠守口如瓶所赢得的声誉，远比讲人闲话所带来的东西更加珍贵。那些因说话不小心而自毁前程的人，比因为任何其他原因丧失成功的人都多。

尤其作为女人，在父母面前你是女儿，在孩子面前你是母亲，在丈夫面前你是妻子，在单位同事之间是同事、上级或下级。女人要扮演很多种角色，如果整天话很多，就会言多必失。多说必生武断，又会惹来是非，以讹传讹，最后弄得家长里短，伤及面越来越广。

沉默是一种自我保护。在陌生环境中保持沉默可以给自己和他人充分呼吸自由空气的空间，是一个最好的保护自己和防御他人的策略。在一些得势之人叫嚣的时候保持沉默，是最好的自我调节方式。

沉默是一种豁达与涵养。在上司面前保持沉默不是说明你的见解一定不如

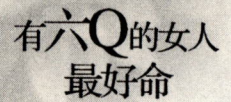

他,那是予以他起码的尊重和礼貌。在朋友相聚时保持沉默,是给他人留下更多的表现机会。

沉默也是一种机智,是能抽出身来,辨别方向、辨明是非的武器。赞扬声中的沉默是一种谦逊和虚心,诋毁面前的沉默是一种气度和宽容。

沉默也要懂得时机。该沉默的时候要沉默,该伸手相助的时候也不能无动于衷。因为很多时候,我们会忘记敌人致命的打击,却无法忘记和原谅朋友的沉默,要懂得在什么时候三缄其口。

赵艳阳平时开朗活泼、坦率真诚,什么话都敢说,让人觉得可爱单纯,在朋友同事间都很受欢迎,但是她却没有想到正是因为她的口不择言给自己的生活带来了致命的改变。

那天,她和朋友一起出门逛街、吃饭唱歌。结束后,又进了一家小小的精美饰品店,里面的饰品是少数民族风格的,都是浓墨重彩,不太符合她的口味。她只是随便看了看,便站在门口的镜子前面自娱自乐,等待还在挑选的朋友。

其中一个朋友挑选了一对耳环,耳环很漂亮,但是并不适合朋友,但是店员却在拼命地游说朋友买。

赵艳阳看不下去了,就劝朋友摘下来,说,别听她忽悠,你戴上去很难看,再选其他的吧。

她说的是实话,朋友也当即摘了下来,选择其他看上去还不错的。

店员知道自己理亏,也没有继续说话,而是退到一边继续给其他人介绍店里的商品,仍然是将店里的东西夸得像一朵花,无论适合不适合都强力推荐,对朋友新挑选的帽子也是百般地奉承。

那顶帽子还不错,虽然并没有那么好,朋友也在买不买之间犹豫。店员看到一单生意马上就成了,就有一些开心,并游说赵艳阳:"你看你朋友戴上这么好看,你也买一顶回家,现在正是季节。"

赵艳阳摇了摇头,说:"谁买这么傻的帽子啊?"

身边的朋友脸上有一些不悦,但是因为习惯了她的说话方式,便没有说什么,只是继续选择和帽子搭配的围巾与其他的小饰品。

但是店员却有一些生气了:"你不买就不买,可以说我店里的东西你不喜欢,但不要评论我店里的东西。这些都是非常精美的手工艺品,是艺术品。而且,你更不应该说买帽子的人都是傻子。"

店员生气的时候很凶,赵艳阳哪里吃这套?说:"我就是说了,我又没有说你。我客观评价还错了?"

两个人就这么吵起来,结果发展到打架,赵艳阳顺手拿镜子摔过去,店员的脸一下子血流如注。

一场悲剧由此而生。

赵艳阳被以故意伤人罪被判了刑。

她的青春也因此留下了污点。

说出自己的看法很简单,但是要学会沉默却很难。因为学会沉默,便意味着要懂得克制。沉默不是无主见,不是举棋不定。揣着明白装糊涂,一问三不知,也不是真正的沉默。

常明娟是一家公司的会计,打理大大小小的账务。凭着一个会计的敏锐,她能看出许多烂账以及漏洞,但是碍于一些前来报销的人的颜面,她都没有指出来。而是将错就错,只接收各种单据,并不会去追问各种缘由。

她本着多一事不如少一事的态度,毕竟公司不是自己家开的,出来的钱也不是从自己口袋里拿。所以她并没有将公司存在的一些账务问题报告给财务总监,而是不动声色地压下去了,还暗自窃喜。因为做多错多,要是生出事端,不但和其他同事的关系弄僵,自己平时的小账目也可能无处报。

但公司并不是永远地一成不变下去,也会偶尔地整理财务。这个时候,财务总监就会随机抽取一些来查阅。

常明娟是一个聪明人,她会将一些完全没有问题的账做成大账,因为财务总监只会查大账,但是这一次阴差阳错,到财务总监手里的,是所有有问题的。

这让他大为光火,叫来常明娟兴师问罪,这个时候的常明娟并没有选择道歉,而是一言不发地听总监训斥。她最终还是没有逃过被辞退的命运。

因为她纵容了一些坏账的发生,但并不是所有的沉默都能带来好处,要分辨时机、分辨事情、分辨场合。沉默是一种生存智慧,学会了沉默,就懂得了一种人生的哲学,就学会了一门生存的艺术,也就提升了生命的质量,也提高了生命的品位。当有一天学会了沉默,你便读懂了人生。

第三节
培养平和内敛的风格

人生的方向在于幸福快乐,而真正的快乐并非源于外界的影响,在于内心的平和淡雅、内敛光华。

做个平和内敛的女人,给自己带上不同的笑容,而不是反复无常。

做个平和内敛的女人,优雅从容地出门,在任何场合,都保持应有的涵养。

做个平和内敛的女人,学会承受痛苦,有些痛苦,适合无声无息地忘记。

做个平和内敛的女人,善待自己,善待他人,善待我们每一天的生活。

急于表现自己,反而让人觉得底气不足

每个人都想证明自己,但不要急于表现自己。就好像在没有弄清行情之前,先不要急着下注一样。因为,匆匆忙忙下的注虽然也胜负参半,但毕竟没有十足的把握。注意倾听别人的讲话,不要急于表现自己,很多时候,耳朵比嘴巴更管用。

尤其是在工作中,如果没有搞清事情的来龙去脉、前因后果,不要随便发表自己的看法。因为生活在一个集体中,还有其他前辈同事可以负责解答。自己要做的,就是观察与倾听他们的理解与陈词,去进一步地了解公司,了解自己的同事。

当然,新到一个地方,表现一下自己是对的,但一定要量力而行,不要胡

来。在慢慢地熟悉之后，再进一步地表现。当然，不表现自己，并不意味着要绝对沉默。脑子里一定要仔细思考，即使不需要自己发表意见，也一定要有所准备。即使被突然问到，也不会措手不及。如果自己急于发表意见，可能会说多错多，甚至还会因为不了解公司的具体详情而犯低级错误。

而急于表现自己，会给自己树立不必要的对手，不如交给时间，让时间慢慢证明自己的实力。

陈晓瑜刚工作的时候，正值年轻气盛，好胜心切，急于表现自己。每次都将领导交给的任务用最快的速度做好，然后在最短的时间内立刻上报，希望能得到领导的夸奖。

但是她的领导从来不对她的工作做出任何评价，只是说，你回去多熟悉一下相关条例，然后再修改修改，她用最快的速度重新修改过后交给领导，领导还是说了同样的话。

她有一些莫名其妙，不知道该如何处理，并且她明显地发现周围的同事由刚开始的热心帮助变得冷漠起来。她的热情开始一点点消退，领导与同事的态度转变，给她的心理造成了一些压力，但她又不知道究竟是怎么回事。

晚上回到家看电视也没有心情，倒是同住的姐姐察觉到了，端来一杯蜂蜜水，陪她坐着。姐姐知道妹妹的性子，一会儿一定会说出来的。果然，陈晓瑜将事情的来龙去脉说了一遍，满是委屈。

姐姐听完，良久不语，最后问道："如果让你自己分析，你觉得是什么原因？"

陈晓瑜说："是不是因为我工作能力出色，他们嫉妒我？还是因为我做了错事，他们在否定我？"

姐姐又好气又好笑，最后对她说："新到公司的时候，不要把自己表现得太强。虽然公司需要有能力的人，但是来日方长，总会有表现的机会。但是要等待时机成熟，在没有成熟的情况下，急于表现自己，结果往往适得其反。急于表现自己，还会给自己树立不必要的对手。"

陈晓瑜听得似懂非懂："难道我做完工作不去汇报，就在那里干坐着，这不是白白浪费时间、消耗公司成本吗？怎么弄得这么复杂？"

姐姐明白妹妹的心思，说："即使你做得快、做得好，也不要抢功，要说是与同事合作，是在同事的帮助下完成的。因为如果你干得太快，会显得同事很无能似的。而且，也不要做得太完美无缺，要给领导留一个指导的空间。"

陈晓瑜听后，默不作声，弯还是转不过来。姐姐知道再多说的话，倔脾气的妹妹不知道会说出什么话来，就没有再说话。

第二天，陈晓瑜不再东奔西跑地忙来忙去，又是汇报又是提建议，而是安安静静地开始看条例，开始去向同事们请教。人都是好为人师的，同事们也会认真地回答她的问题，大家的关系又恢复到最初的样子了。

又过了两周，陈晓瑜慢慢地明白了其中的奥妙，枪打出头鸟，如果自己太急于表现，会很快成为众矢之的。而且对于老板交待的工作，一定保证原则性的错误没有，但是可以给他留一些无足轻重的错误让他讲。总之，工作的质量和效率都要事先放一些水，故意装作不懂，请教他人几回，或者卖个破绽让他挑出来，这似乎是职场的潜规则。

事实上，即使领导对你的态度很冷淡，他也无法忽视你的存在。他的"若无其事"往往是装出来的，在背地里他很可能也会观察你、评论你，并无时无刻不在注视着你的一言一行、一举一动。他是要通过你的表现来推测判断你到底是一个什么样的人，会对他构成威胁吗？可能会与他产生利益冲突吗？是否可以与你做朋友或"心腹"呢？在这些问题没有得到基本回答之前，他是不会失去对你的兴趣的。当然，作为领导，他更不会轻易表态的。

在领导不过问工作的时候，不要请功，干活的时候也要适当地留一点小尾巴，在他催促或是布置新任务的时候，顺便谈到这个小尾巴，并表明一定会在最快的时间内完成任务并开始新工作。这会让老板认为你一直在忙，不会给你增加太多的任务，而且他也会对自己布置任务能有这么好的衔接而觉得有成就感。当你将小尾巴飞快地完成之后，他肯定对你的效率印象深刻。

而且，作为新人，最忌讳的就是对公司既定的规章制度进行诟病。虽然初生牛犊不怕虎，但会让人觉得你不知天高地厚，对于大家都已经默认的制度，只需要入乡随俗就好。

不适当地表现还会给人留下一种"好出风头"、"有个人主义倾向"的坏印象。不要急于求成，要克服急躁心理和短视行为。而实际上，也没有必要急着表现自己，是金子总是会发光的。如果你有真才实学，就不要害怕自己被埋没；而如果你的才学和经验尚欠火候，无论怎么表现自己，也只能贻笑大方，暴露自己的才疏学浅。

对别人的观点可以不认同，但一定要尊重

伏尔泰说："我不同意你的观点，但我誓死捍卫你说话的权利。"是啊，为什么不尊重别人说话的权利呢。这个社会、这个世界本来就是多元的，因为有不同的思想存在才构成了它的精彩。

是观点，总会有对有错、有好有坏，一定会有与自己的观点相冲突的，所以，可以不认同，可以争论，也可以忽视，但一定要尊重。

要知道，每个人成长的环境、经历与阅历都不同，所形成的人生观、世界观、价值观也会有所不同。每个人所持观点的背后并不是单纯的意见表达，而是和其背后的人生轨迹息息相关。尊重了别人不同的观点，也是尊重了他们的人生。

不要轻易嘲笑别人的梦想，也不要对别人的观点嗤之以鼻。鄙视别人，是因为自己的包容力不够，也是本身的修养不到位。想想，如果一个读过10年书的人去看不起一个只念过几天书的人，有什么嘲笑的资格和权利呢？本来就不是一个层面上的。而且不尊重别人的人，本身也是不值得尊重的。

訾义然是一家公司的总经理，才27岁。这样年轻，就做到那么高的位置，

很多人都以为她一定通过一些非常手段才获得了这样的成就，因为她手下归她管的各个中层领导都是 30 岁以上的。

不过，訾义然并不理会那些关于她的流言蜚语，每天都风风火火地忙来忙去，分配任务、倾听汇报。每次开会，几乎都听不到她太多的发言，坐在首席上的她，总是先讲一个问题，再由大家讨论。大家经常会吵得不可开交，无论哪一方陈词，她都微笑着倾听，不发表任何意见，而是在大家快争吵起来时，她才会开口说话，但并不是呵斥大家不要吵架，而是将吵架的核心问题进行转移，并一针见血地讲出一些自己的见解，大家听了，会发现事情变得明朗，便继续坐下来心平气和或剑拔弩张地继续讨论。但每次都会达成大家都能接受的共识。

所以，公司发展得越来越好。訾义然的位子也坐得越来越稳，而且大家都喜欢由她来主持会议。她主持会议与其他的领导不同，不是自己唱独角戏，而是大家群策群力、博采众议。

大家都对她这种掌控力很佩服，觉得她年纪轻轻就如此沉着冷静，真是不一般。

她听后笑笑，并娓娓道来一个关于自己的故事。

訾义然在家里排行老三，上面还有两个哥哥。小时候，她就像是一个跟屁虫一样跟在哥哥们的后面，哥哥们让她做什么她就做什么，不让她做什么她就不做什么。她对哥哥奉若神明，生怕他们不再带自己出去玩。

两个哥哥也经常吵架，为一些鸡毛蒜皮的小事吵，从屋里吵到屋外，甚至还会吵到大街上，她夹在中间，不知道该帮谁，就谁也不帮，有的时候，哥哥会找她评理，她也从来不会偏向谁，只是会将自己看到的事情的另外一面讲出来。

哥哥们听了之后，常常会停下来，将三方的看法综合在一起，然后讨论出最后的结论。讨论完了，吵完了，哥俩又会和好如初，该做什么做什么去了。

这让訾义然很困扰，刚才两个哥哥还一副要拼命的样子，现在怎么又和好如初了？

哥哥们便告诉她，其实吵架归吵架，并不是蛮吵，而是各自在讲自己的道理。虽然彼此的意见、看法、观念不同，但实际上，他们都听得进去对方在讲什么，又是出于什么样的考虑。他们都很尊重对方的观点，而且这种尊重并不是仅仅建立在是一家人的基础上的。

这是訾义然从小学到的：每个人的观点都很重要，每个人的观点都可以带领自己从另外一个角度来看事情、来观察这个社会。

因为童年的经历，所以才有了今天的訾义然。而訾义然的哥哥们，现在早已经都是鼎鼎有名的大律师了，他们经手的案子几乎会使当事人双方都满意。

訾义然长大后，也目睹了哥哥们是怎么来处理案件的，这让她觉得很多事情，自己的观点似乎并不那么重要，重要的是怎么与持不同观点的人和平共处，尊重对方也尊重自己。最重要的是将自己的杯子倒空，才能容得下更多的水。

一个人坚信自己的观念正确，坚信自己的看法是对的，甚至坚定自己的生活态度，这本身并没有什么错，而且还是身上非常宝贵的东西。因为这样地多坚持原则，能够有自己的生活方式。你也可以宣传自己的主张，但不能过于强调自己的主张而影响别人。

彰显自己可以，但不应贬低他人。这好比做事，利己可以，但不能损人。请记住：即使一个人的说法或做法在你看来也许错得离谱，也不要嘲笑他。毕竟，每个人所信仰与追求的东西都是不一样的，有些原则是不能轻易改变的。如果他人的信仰、观念、做法、看法与你的不一样，你也应该尊重他们，不应该随口否定或贬低他们。

那些听不进去别人观点的人，最后都会有一些后悔。因为当初有人善意地提醒了自己，却没有拉回执拗的自己，导致步步走向错误的深渊。

而事实上，自己的观点即使自认为正确，也不一定是完美无缺的，总会有这样那样的漏洞所在，只是自己没有意识到而已。此时，他人的观点，可以作为自己观点的参考与补充，有很大裨益，也是十分必要的。

谈吐有禁忌，不该说的话千万别说

语言，是世界上最奇妙的东西，明明没有动一兵一卒，却会让人遍体鳞伤或怒发冲冠。

因为每个人都是情感动物，有思想、会受伤，所以会受到这些语言的伤害。虽然语言本身并没有错，只是用的人太不注重禁忌。有些话虽然出自好意，但措辞用语不当、方式方法不妥，说者无心，听者有意，好话也可能引出坏的效果。

一般而言，善意的、诚恳的、赞许的、礼貌的、谦让的话应该说，且应该多说。恶意的、虚伪的、贬斥的、无礼的、强迫的话语不应该说，因为这样的话语只会造成冲突、破坏关系、伤及感情。

我们在交谈时要坚持"六不问"原则。年龄、婚姻、住址、收入、经历、信仰，属于个人隐私的问题，在与人交谈中，不要因为自己的好奇心而去追问对方的稳私和需要保密的、不愉快的问题，也不要谈荒诞离奇、耸人听闻、黄色淫秽等一些恶俗的事情。当然，亲疏有度，"交浅"不可"言深"，亲密人之间的交谈禁忌可以相对少一些，但仍然要把握住分寸。

女人天生就喜欢聚在一起家长里短，所以，更要注意管好自己的嘴巴。不仅要注意与普通人、陌生人讲话的禁忌，也永远不要说朋友、同事的坏话。即使自己身边的这些人的确存在一些让人难以接受和理解的地方，也不能从自己的口中讲出来。

想一想，人前和朋友笑脸相迎，人后对朋友放冷箭，非君子所为，否则会让人觉得虚伪，不敢再轻易坦露心扉和接近。

如果自己背地里讲朋友的坏话，朋友听到之后一定会受伤，再反过来讲自己的坏话，似乎在表演小丑。如果对朋友不满，不如当面讲。当面沟通，中肯地提出自己的意见，过后大家还是朋友，并且光明正大许多。

也不要讲同事的坏话，因为在公司，与同事永远都是一个整体。如果同事的能力你看不上，在背地里讲他的坏话，那影响的是同事的晋升机会。如果觉得同事的做人方式有问题，那是同事私下里应该予以改正的。你可以选择朋友，但是不能选择同事。所以，不要去诋毁自己的同事，办公室是一个很复杂的环境。对于同事，合则相交，不合则离。每个人都会为自己的行为承担最终的责任，自己没有必要因为他们的错误而喋喋不休，不然最后失了自己的体面。

其实和陌生人相处，算是比较简单容易的，因为交集不多，只需要在众多话题中选择那些听上去并不是那么离谱的，慢慢保持交流下去就可以了。和同事、朋友，也总是会有距离存在，但是和自己的爱人要朝夕相处，更要注意一些禁忌，否则影响的就不是失去一个朋友、失去一份工作了，而是失掉一份婚姻，失掉自己的家庭。

夫妻两人在同一屋檐下要厮守终身，每天要聊许许多多的话题，但有的话、有的事，永远不要说出口。

第一句话，真后悔当初嫁给了你

这是女人吵架时最喜欢说的话，虽然嫁的时候心甘情愿，但是吵架的时候哪里还记得当初的浓情蜜意，只为自己发泄。但是男人却会当真，认为你真后悔了，开始没有安全感。说不定在你还没有离开他之前，他就早早地去为自己寻找退路了。

第二句话，你怎么这么没用，我以前的那个怎样怎样

男人的虚荣心和自尊心都强得不亚于女人。他们最难以接受的就是自己不如你的另外一个男人。你这么贬低他，会让他心里有种挫败感。他很可能因为你的否定去寻找其他的女人，寻找自己的归宿感和认同感。

当然，如果自己的男人说自己不如他的前任，也不要恼羞成怒，更不要说出既然她那么好，你去找她啊的话。因为这依然触动了他敏感的神经，过去的那个她是他一段失败感情的见证。他提到她并不代表就想和她重新开始，你就没有必要再强硬地把他推到另外一个女人的身边了。

第三句话，日子没法过了，我们分手吧

我们分手吧、我们离婚吧。女人经常以这个为要挟，想让男人有所畏惧。其实，分手的话是需要经过深思熟虑才能说出口的。如果还爱着对方，就不要轻易说出来，毕竟分手不是一时冲动所作的决定。

第四句话，你家人怎么这样子

女人嫁给男人，并不是单纯地和他一个人有关系，而是也要与他的家庭紧密地联系在一起，去指责他的家人就是指责他。而且，他的家人再怎么不好，也不需要由自己出面去应对。交给他，让他去协调就可以了。

而且，女人最不能说的是男人的家人就是他的妈妈，他的妈妈是给了他生命、给了他一切的人，更为重要的是，即使妈妈错了，他也会站在妈妈那一边。试图拉着他与他的妈妈一起斗气，无疑是自取其辱。

第五句话，婚前的性史

这是女人的隐私，很多男人在问的时候，说过自己不在意，只不过是希望你讲出来。你讲出来，他就会在意了，而且会成为他心里的一根刺，折磨着他也会伤害到你。

第六句话，我觉得自己爱上另外的男人了

如果不小心恋上了婚姻外的某一个男子，但自己又没有想过要离婚，就把这个秘密死守到底，不要天真地以为向老公坦白就可以得到他的宽恕。

无论与什么样的人相处交谈，都不要刻意讲出这些禁忌的话来。当然，这就需要修炼自己的克制能力。不要一时冲动而说出让自己也后悔终生的话来。

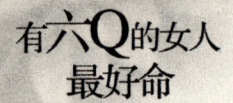

不做"火药桶",受到触犯学会使用礼貌的武器

每个人都有被触犯的时候,无论是对方有意还是无意的。这个时候,你要学会使用礼貌的武器,以柔克刚,不做一点就着的"火药桶"。要知道,做一个"火药桶",炸的不仅是别人,还有自己。

如果对方是无意触犯自己,就没有必要生气。如果对方是刻意触犯自己,对方一定也是一个"火药桶",如果自己不息事宁人,最后只能两败俱伤,无人存活。

每个人都不喜欢受到触犯,受到触犯的时候,第一反应就是还击,而还击的武器有很多种,礼貌便是其中之一,而且是最好的武器。

舒华一早上都不太高兴,从早上起床眼皮就开始跳,跳得她有一些心神不宁。她将家里的门窗、煤气都认真检查了一遍,孩子也平安地送到了学校,老公出差在外面似乎也很顺利,为什么就是觉得这天会发生什么呢?或许是晚上吹了一夜的风,有一些思绪混乱吧。

因为出门早,公交车上的人也不多。司机照例将车开得让所有站立的人东倒西歪,每一次刹车都会引来一车厢人的唠叨。

舒华将自己的位子让给了一位孕妇,但是孕妇连谢谢都没有说,似乎理所应当的。真没礼貌,她在心里想,自己只是体谅她是一个准妈妈。她个子矮,抓着扶手都有一些吃力。身子晃动得也很厉害,不过她已经习惯了。

她一直觉得有人在动她的包,她回头看了一眼,小偷拿钱包的手已经快要离开了。她问:"你做什么?"小偷居然理直气壮地收回去,满不在乎地说:"没做什么。"说完转身就跟随人流下了车。舒华没有追过去,但是还是有点气不过,打电话报了警,详细描述了那个小偷的衣着和相貌特征。

这个时候,那个孕妇开口了:"我一直给你使眼色,你怎么都看不见?"

舒华诧异地问:"你什么时候给我使眼色了?"

孕妇一脸不耐烦地说:"我一直都在给你眨眼。"

嗓门之大,全车的人都听得见,也一下子安静下来。舒华就不再说话,只希望快点到站。

可就是在她下车的时候,从车尾巴处跑来一个人,急着往前门赶,就那么巧,结结实实地撞在了她的身上,她一下子摔倒了。一早上积攒的怨气,舒华一下子想爆发出来。但是她还是忍住了,因为对方也一样跟她摔倒了,而且还摔得不轻,但那个人却急匆匆地爬起来,不顾自己擦破了皮,急忙把她扶起来,捡起她摔掉的手机,问她要不要紧,是否要去医院。

舒华刚要爆炸的"火药桶"似乎没有了火种,绷着脸整理好衣服,而这个时候,公交车也已经开走了,那个撞她的人,也错过了车。但看着对方的焦急和小心翼翼,舒华最后还是没了脾气,礼貌性地说:"没事,现在来不及去医院,不会有太大的问题。"

舒华的这一早上,虽然过得跌跌撞撞、别别扭扭,但总算是有惊无险。但是到了公司,事情似乎就不再是自己能控制的了,而且让她出乎意料。

舒华是公司的一位会计,每天所做的事情就是整理账目、巧妙避税,这需要很大的细心和敏锐力,这天是周一,一大早便积累了一堆的账目需要她去处理。她一直埋头做事,直到发现周围有异样,才发现所有的目光都聚在自己身上。

有人闯到公司来找她,是一个男人,戴着一副眼镜,她不认识。刚要开口,那个男的先发制人:"你就是舒华吧?管管你的丈夫,别让他一直在外面乱搞。"说完,扔了一叠照片在她的桌子上。她拿起这些照片,是的,是她的丈夫,是她那个一年四季长年在外出差的老公,她今天早上还与他通过电话。

舒华的火一下子冒出来,怎么什么事情都赶在了今天,为什么偏偏是自己?但这里是公司,她不好发作。这个时候,前台的人已经急匆匆地带着保安赶了过来,要强拖着那个男人离开写字楼,那个男人走前还骂骂咧咧的,吵着说还会等舒华下班的。

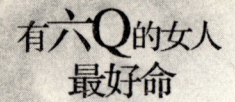

不一会儿,老公的电话打过来,或许是他已经知道了事情的经过,他是来给自己道歉的。舒华本来有一肚子的话想骂出来,可是躲在安静角落的她什么都讲不出来,只是说了一句:"我现在在上班,我现在心里很乱,你说什么我都听不进去。你回来吧,回来我们再好好谈谈。"

本来午饭舒华是叫外卖的,但是她知道必须要下去一趟。果然,眼镜男就等在大厦的门口。舒华还带了公司平时一个关系不错的男同事,给自己做保镖。

眼镜男又要冲过来,舒华就站着不动。她只是说:"我理解你的感受,我也是受害者。这里不是说话的地方,你跟我来吧,我请你吃饭。"

原来老公的婚外情人是和他一起出差的同事,她对眼镜男说:"你应该找的不是我,我是刚刚才知道。你应该找的是我老公和你老婆,如果他们一定要在一起,我是不会反对的。你自己要考虑清楚你的选择,而不是来找我出气,我也帮不了你什么,我自己都帮不了我自己。你没有必要将错加在我头上,你即使找我出气,也解决不了问题。"

她说完就开始吃东西,似乎要把所有的怨气全撒在了食物上。

眼镜男觉得舒华完全是通情达理之人,自始至终都对自己以礼相待,便不再纠缠,提前离开了,桌上的食物一点都没有动,倒是偷偷地去收银台将账结了。

连身边的男同事都有一些诧异:"舒华,你怎么不发一点脾气?你也不像是受欺负的人啊。对这种人,干嘛还这么礼貌?"

舒华眼泪一下子掉了下来:"我就是扮演成泼妇,跟他大吵一架有用吗?能改变什么呢?我只知道,我现在不能出事,我还有很多事要做。"

舒华晚上下班回去的时候,老公已经在家里了,并且将孩子送到了奶奶家。舒华没有和他大吵,而是心平气和地听他认错、忏悔。他们最终也没有离婚,继续过日子。

舒华偶尔在街上还会看到眼镜男,他身边似乎是一个新人。她只是装作不认识,擦肩而过。

如果舒华那天是"火药桶",或许她会在公交车上和小偷吵一架,会在公司和眼镜男吵一架，会在家里和老公吵一架。而吵架的结果可能不堪设想。其实，有的时候，保持礼貌，也是为了保护自己。用礼貌能解决的事情，就用礼貌解决。而且，用礼貌解决的事情，似乎结局都不会太差。

避免与人直接冲突，用"暗示语"解决问题

无论是在职场、在情场、在生活中，总会遇到与人冲突的时候，避免与人直接冲突，要学会委婉地表达，用"暗示语"解决问题。因为与人直接冲突，无论是鸡蛋碰石头还是鸡蛋碰鸡蛋、石头碰石头，最后都会两败俱伤。鸡蛋粉身碎骨，石头也沾满了鸡蛋的残骸，虽然损伤的轻重有所不同。

即使一个人为协调人际关系做出了很多努力，事实上仍然不能完全免除同别人的冲突。只要人们之间发生交往，就会或多或少产生矛盾，这是由人的天性所决定的。我们无法选择冲突本身，但是却可以选择解决冲突的方式。避免直接冲突并不是胆小怕事或是不作为，而是为了避免付出沉重的代价。

女人，本身是弱者，更要尽可能地平和内敛一些，尽量避免与人直接起冲突，这是保护自己的最好方式。

与人发生冲突的原因有很多种，总结起来似乎又不外乎以下几点：

1. 观点不同

这是人们之间发生冲突的最主要的原因，由于对同一个问题产生不同的看法，人们之间便相互产生矛盾和隔阂，进而导致双方互存偏见、相互攻击，以致发展到势不两立的地步。

孔子说："君子和而不同。"一个真君子既能够坚持自己的观点，同时也能够认真倾听他人的意见、理解和尊重他人的观点。可以不赞成但应该表示尊重。人际关系是相互的，你尊重别人，别人也会尊重你。

在表达自己不同观点的时候，也没有必要直接将对方的观点一棍子打死，可

以委婉地说"我倒是觉得这种做法也无可厚非"、"其实他的选择也不错"之类听上去不那么生硬的不同话语的。如果实在听不下去对方灌输给自己的观点，大可以打断对方，转移话题，转移对方的注意力到另外的事情上去。

2. 趣味相异

世界上没有两片完全相同的树叶，也没有两个志趣完全相同的人。不同的人有不同的趣味和爱好，有不同的优点和缺点。甲所崇尚的东西乙未必就崇尚，乙所追求的东西甲可能嗤之以鼻。

但不要因为不喜欢对方的爱好就对其诋毁，将心比心，每个人都很讨厌自己的至爱被其他人批判。但是，如果对方对自己的趣味品头论足，不需要对其理会，只需要提醒他不要再继续下去，以后不与其有密切联系即可。

3. 感情不合

相爱容易相处难，两个相爱的人也需要尽量避免言语的冲突与碰撞，要学会尽量委婉地表达。

不要说："我知道你就会那样说。"而要说："你以前就曾经这样说过，所以它一定还在困扰着你。"

不要说："你简直令我快疯了。"而要说："你那样做，我真的很难受。"

不要说："这事你一直就没做对过。"而要说："你是做了很多努力，但用这种方式是不是太费劲了？"

不要说："为什么你总是不听我说？"而要说："这对我真的很重要。"

不要说："说得对，我正是要离开你！"而要说："那给我一种想要离开你的感觉。"

不要说："没什么不对。有什么让你觉得不对的？"而要说："是的，有些事确实有问题。"

4. 个性抵触

性格、气质不同以至相反的人，相互之间也会产生冲突。例如一个急性子人，会看不惯一个慢性子人做什么事都磨磨蹭蹭；一个慢性子人，又会抱怨一个急性子人干什么都风风火火，总之，这两种人常常互相不能理解和谅解，结果便产生冲突。

其实，不同个性的人在一起也是互补。如果对方的确是因为太急或是太慢，可以善意地提醒一下，使其调整节奏，没有必要发脾气使对方难堪。因为一个人的秉性是不会有太大的改变的，不要试图改变对方。

以理解的眼光看别人，懂得大千世界是五彩缤纷的，人也是各种各样的。我们不能像要求自己那样要求别人，每个人都有自己的个性和特点，有不同的长处和短处。

5. 产生误会

人们思考和处理问题往往习惯于从自我出发，平时疏于同别人沟通，就会形成一些误会。而实际上，有的误会可能是因为对方的错误，有的是因为自身了解的偏差。别人误会自己的时候，就及时采取方法，消除误会，使自己与别人能尽快地轻松、舒畅起来。当然，要采取温和的方法，尽可能避免采取极端的方式。

6. 发生纠纷

发生纠纷的时候，要记得宽容别人的过错，明白世上没有十全十美的人，包括自己在内谁都有缺点，谁都有可能犯错误，要给别人改正错误的机会，就像希望别人也原谅自己的过失一样。倘若我们具备了宽容的能力和习惯，时时处处先替对方考虑一下，致命的纠纷将是可以避免的。

毕竟发生冲突对双方都是不利的，想要成就大事业的人，就不能把自己的生活弄得每天都是硝烟弥漫，要千方百计地消除各种矛盾，使自己有一个宽松和谐的工作和生活环境。

而且大事清楚小事糊涂，除非是涉及原则性的问题要搞清楚是非曲直之外，对一些无关紧要的事，不能抓住不放，要大事化小，小事化了，甚至有意装糊涂。绝不应简单问题复杂化，本来没有多大的事，却非要弄个水落石出，论出个我是你非，那只能是世上本无事，庸人自扰之。

第三章
爱是一切的答案
爱情商数（LQ）

对于女人，爱情有点像海洛因，一旦上瘾，便欲罢不能，无论精神还是身体都沉浸其中。女人，如果驾驭好了爱情，能进退有度、游刃有余，就会很幸福。能掌控好爱情的女人，她也能成功地经营好自己的事业和人脉。

第一节
比聪明女人漂亮，比漂亮女人聪明

一位资深电视节目主持人曾说过，我比漂亮的女人聪明，比聪明的女人漂亮。她无疑是好命女人。

好命女人懂得在美貌和聪明之间取得平衡，虽不是人群中最耀眼的那一个，但却是最让人记忆深刻、不可小觑的那一个。

她们不会拿自己的缺点跟别人的优点比，她们也不会高调地凌驾于人之上，从容、优雅、得体，智慧非常，比起其他人来，真正的好命女人，总是赢在综合实力上。

外在的美，要有内在美的衬托，外在的美是短暂的，内在的美才是永恒的。

女人要性感，但是爱情无关罩杯

女人要性感，性感的女人会吸引男人的目光、身体，还有心。女人的性感是对男人的主动攻击。

一位明星曾大方地表示："每个女人都应该性感，不性感就不是女人。"托尔斯泰也说世界上所有最优美的曲线都集中在女人的身上。《新娘不是我》里卡梅隆·迪亚兹摆动屁股的样子，让所有的人记住了这个不是主角的女人。《新电话谋杀案》里格维尼丝穿着淡绿色的丝质吊带裙，随着她身体的扭动，晶亮柔滑的丝质轻抚着女人光滑细腻的皮肤，让所有的男人心跳加速。

女人的性感不仅展现在影视屏幕上，大街上的性感女人也都是一道风景，撩人长发、纤纤玉手、婀娜腰身，都尽情地传递着女人的诱惑。性感的女人让男人欲罢不能。

当然，女人性感并不是为了取悦男人，女人性感也是为了自己，女人性感，绽放了自己的美丽，绽放了自己的魅力，也绽放了自信。性感的女人多半是聪明的，因为性感并不是天生的，性感需要女人自己一点点地去琢磨、去体会，并最终呈现于自己的身上，追求性感的女人也在追求自身的美。女人可以不漂亮，但是一定不能不性感，性感是女人青春活力的一部分，是身为女人的骄傲和性征的自豪。

女人使自己性感，不一定衣服多少裙子多短，也不是简单的肩颈唇背那些性感部位的打造。性感不是纯粹的肉感，性感不仅仅是身体的曲线，更是举手投足所流露的风情万种。

要保持真正的性感不妨参考一下下面的意见：

1. 添一点醉意

微微的醺醉不但为面颊添上绯红、为眼神添上朦胧美，亦能释放或许在白天、在办公室时锁着的感性与坦荡之美。不过，千万不要真醉！失态了就再也性感不起来了。

2. 穿高跟鞋

高跟鞋向来就是女性用以张扬腿部性感的武器，这是最简单直接的性感之道了，虽然要牺牲一下女人的健康。性学专家早就认为女性的脚踝及脚部是重要的性征，经常穿高跟鞋会令腿部内侧肌肉更结实。

3. 擅用眼波流转

眼波是性感的发源地，无论是忧郁的、迷惘的、缥缈的、懒洋洋的、天真带笑的或藏着火焰的，只要有神有韵及充满流盼，都有着说不出的性感。

4. 认真深思的样子

很多女人虽其貌不扬，但一旦认真起来就特别吸引人，当沉浸在无边思海中

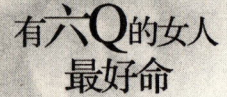

时,脸上便会不期然地多了一份韵味,惹得人不由会多看一眼。

5. 阳光肤色

阳光的痕迹留在皮肤上,搭配健康身型,是散发野性性感的发源地。加上古典的黑色直发搭配偏黑肤色,会相当有韵味。

6. 适时流露慵懒状态

古代女性宽衣解带时的专注与缓慢、眼神流盼的施施然、说话时的快慢有致,足已构成一种叫人觉得性感的风情。

慵懒其实是一种"不在乎",一种对什么都可以拿得起放得下、不汲汲于富贵,也不戚戚于贫贱的生活心态。让别人为了名利而熙熙攘攘,我们自是信步慢行、悠哉游哉。一个慵懒的女子比起一个精干的女子来更吸引人,更能让人与之产生共鸣。

7. 率性而为

率性的女人,是照自己的性情行事,体现自己的真实性情,向着自己的理想努力拼搏,无视那些挫折、困苦、失败,以自己最大的努力向理想前进的女人。这样的女人,有一种洒脱的性感,真实并可爱。

8. 敢爱敢恨

对生命充满热情与敏锐的女人就像一团火焰,即使不叫人欲火焚身,也叫人心痒难熬。

9. 为自己加一点红色

有人说,美丽女人当众涂口红,尤其是涂一口湿润的红色唇膏,能顿时画出风情,叫男性看得如痴如醉。为自己加一点适度的红色,会令人觉得你是一个爱冒险及喜挑战并充满热情的女人。

10. 带点清香

天生带有体香的得得公主,因为一袭清香惹得众多男人垂拜。若你也有一点体味,请不要清之而后快,某种程度上的体味往往也是构成让人觉得性感的女人味。若你没有香汗或"女人味",亦可挑选一些专为撩起男人幽思或春情而调制的气氛。

11. 正确对待性

女人有很多种让自己性感的方法，性感是一种自内而外的修炼，不是简单的罩杯就可以代表的。而且，爱情似乎与罩杯无关。如果爱情仅仅用罩杯便可阐释，那么这个世界中的爱情便会相对简单得多，女人只需要将自己丰胸即可。而事实并不是如此，爱情是化学反应，需要用感觉来支撑。

用简单的罩杯撑起来的性感，就像是木偶娃娃，没有生气和灵性，只不过是在身体上动刀动枪之后换来的尺度而已。所以说，有内涵的性感与没有内涵的性感在爱情面前的竞争力也完全不同，有质的区别。没有内涵的性感只能让别人观看甚至成为"花瓶"，有内涵的性感经得起时间的考验，所拥有的爱情也会更为长久。

爱情，与性感有关，与罩杯无染。

什么样的女人最容易走进男人的心

这个世界，有多少种男人，就有多少种女人。萝卜白菜，各有所爱。每一种女人都能找到包容自己的男人，每一种男人，也能找到忍受自己的女人。

不同的女人，有不同的魅力。有的女人，最容易吸引男人。有的女人，最容易伤害男人。有的女人，最容易走进男人的心。容易走进男人心的女人最幸福，也最好命，那怎么样才能成为好命的女人呢？

1. 善解人意

善解人意的女人一定是有阅历的女人，自己经历过沧海桑田，对人生已经有了一定的领悟，所以才最懂男人的心。善解人意懂得男人的苦和累，不会将男人当成自己的私人财产，不会总是抱怨男人整日忙于工作不顾家，也不会让男人时

有六Q的女人最好命

时刻刻牵挂着自己。善解人意的女人懂得给男人空间，知道好男人就像是在高空中盘旋的鹰，累了需要休息时，自然会回到家的港湾。

善解人意的女人知道男人既刚强又脆弱，懂得维护男人的自尊心和虚荣心。她们知道男人的精神世界里有哪些禁区，并很小心地不去碰这些禁区。善解人意的女人，对男人而言，是风雨同舟、值得共度一辈子的人，不仅仅是坐船的，也不仅仅是划船的，而是帮着男人撑船的女人。

2. 聪明独立的女人

独立的女人，即使不依赖男人，也能撑起一片天。独立的女人不会给男人带来经济上的压力与负担。

独立的女人一般都有自己的知识才情和思想，即使不依赖男人，也能找到自己的生活天地。而且，所擅长的领域是男人所无法达到的。古往今来，集三千宠爱于一身的褒姒、杨玉环、武媚娘、李师师、苏小小、慈禧等都是聪明伶俐、机智过人、精通琴棋书画、才华横溢。比起没有任何阅历、单纯的女人而言，男人更喜欢、更需要的是聪明、新潮、有头脑的伴侣，在现代社会某些家庭中，带孩子、做饭、洗衣服已不是妻子的工作，早已被保姆、幼儿园、高级饭店和餐厅所代替了。男人需要一个心灵伴侣，能与他一起分享世事沧桑，一起探讨未来过往。

3. 自信的女人

男人喜欢自信的女人，自信的女人最美丽。因为她们不一定国色天香，不一定闭月羞花，反而可能相貌平平，但是，因为那份自信，她们瞬间便变得光彩耀人，变得淡雅高贵，因而，无论在哪个场合，她们都是最耀眼的焦点，而且永远不会因为容颜的衰老而失去自己的魅力。

自信的女人，不一定是女强人。她们或者刚强、或者柔弱、或者中性，但都使人易于接近、喜欢接近。

自信的女人不会将所有的心思和精力都放在纠缠男人上，一副有你可以过、没你一样过得很好的姿态。越是这样的女人，越容易走进男人的心，因为这样的女人知书达礼，不会因为一点小事而疑神疑鬼，也不会因为一点打击而自怨自艾。

4. 单纯善良

单纯的女人都比较幸福。

单纯的女人，在这个物欲横流的社会越来越少了，所以才显得弥足珍贵。单纯的女人像一杯纯净水，如一道清风，像一缕新鲜空气，没有杂质，心境透明；没有污秽，清新自然。单纯的女人是明亮的，是阳光下翩然的蝴蝶，不图暗香浮动地妩媚，不为惊鸿一瞥地风情。

单纯的女人没有城府、没有心机，相处起来会多一些自然、多一些真诚。单纯的女人，做真正的自己，过真正的生活，不虚荣、不嫉妒、不攀比。单纯的女人，心地永远是善良的，她会为一个故事流泪，会为一只流浪猫痛心。这样的女人，总会让男人心疼，有种想让人保护的冲动。

但是单纯并不意味着傻，单纯的女人不是头脑简单，不是"绣花枕头"，不要"空城计"。她们善良、有爱心，不耍心机，不擅算计。单纯的女人为了理想可以赴汤蹈火。

最难得的是单纯的女人，历尽坎坷，依然棱角分明；屡屡受伤，依然笃信真、善、美的存在。纵有诸多的不如意，依然质朴如玉、乐观开朗，不存小人之心。单纯的女人，虽然总是会在感情上遭受挫折，但却最终能找到自己的幸福。

5. 幽默可爱

幽默是女人心灵的光辉与智慧的结晶，曾经有人把幽默归结为一种魅力商数，一个女人如果拥有了幽默的特质，她不仅能在不知不觉中增加自己的魅力，而且能为她周围的环境带来和谐的气氛。每当遭遇尴尬时，幽默的女人会进行调剂。这不但会使周围气氛轻松活跃，还能为她的生活工作带来意想不到的收获。

有一次竞选"香港小姐"时，评委向某小姐提了个特别的问题："你愿意嫁给肖邦，还是希特勒？"这位小姐笑着回答："我愿意嫁给希特勒。"全场愕然，小姐接着说："假如我嫁给希特勒，也许就不会发生第二次世界大战了。"满堂为之喝彩,该小姐一举夺魁。正是她此一举突破思维定势的幽默,使她平添了几多魅力,更使她戴上了众多竞争者梦寐以求的桂冠。

幽默的女人,周身总有一种吸引人的光环,引人接近,想不走进男人心里都难。

6. 有情趣,懂得生活

情趣,是对生活的态度,态度则是一个人对生活的信仰和选择。冰心说:爱在左,情趣在右,走在生命路的两旁,随时撒种随时开花,将这一径长途点缀得季花弥漫,使穿枝拂叶的行人,踏着荆棘,不觉痛苦,有小泪可落,也不是悲凉。

有情趣、懂得生活的女人,知道怎么将自己的家经营得温馨舒适,简单地调整休憩也好,呼朋引伴同聚一堂也好,都让人觉得轻松自在。每天似乎都有变化。有情趣的女人,懂得经营生活,也懂得享受生活。这样的女人,对于男人来讲,最适合娶回家当太太了。

7. 给男人空间

沙子在手里握得越紧,流得越快。给男人空间的女人,最终换来的是男人的依时而归。给男人空间的女人不会给男人带来束缚感,即使对方说错了,也是笑意盈盈地听着,不会强迫他改变。

给男人空间的女人,不是一个完全以自我为中心的人,她不会过分要求男人超越自身的能力去给她带来快乐。

给男人空间的女人,也必懂得给自己机会。也会记得除了家庭之外,还有三五知己、一两个蓝颜,还有一家至亲。

不要选择与自己的出身有太大差异的男人做丈夫

在六六的小说《双面胶》里，从东北农村走出来的亚平娶了上海姑娘胡丽娟，两个人的感情很不错，可惜在婆媳之间，从思想观念到生活方式，就没有一点儿合拍的地方。夹在中间的男人摆不平家里两个激烈对抗的女人，最后无事生非、小事变大，几近酿成家破人亡的悲剧性后果。婆媳不和，是男人无以逃避、无以排解的苦恼，对女性，也是同样的道理，老丈人、丈母娘和女婿互相看着不顺眼，做女儿做妻子的，也将陷于无穷无尽的烦恼之中。

文婷出身于一个典型的知识分子家庭，不但父母都是大学教授，姑伯舅舅等长辈之中，竟然出了一个博士、三个硕士，在当年，这是一件很了不起的事情。

文婷大学毕业后回到家乡，先是在一家大公司做文秘，3年以后，凭能力升到行政经理的位置上。让人意想不到的是，秀外慧中的她，这时竟然和公司里一个刚刚招进来的销售小武搞起了姐弟恋。

小武是从贫困山区考出来的大学生，在这个城市里自然是一点儿基础没有，对这些文婷并不在意。小武第一次被文婷带去见父母时，在她家布置得高贵典雅的客厅里手足无措，嗫嗫嚅嚅地说不出话来，这让文婷的父母很不满意。但是在热恋中的人，是听不进不同的声音的，半年后，文婷不顾家人的反对，和小武结了婚。

既然成了一家人，总是要接触的，文婷也想让丈夫尽快融入自家的亲朋好友之中，以便缓和和父母的关系。娘家这边有什么重大事情，文婷都和小武一起去。但是她的良苦用心，并没有收到好的效果。在她们家的亲戚中，小武时常脱口而出的方言和惊人的饭量成了大家的笑谈。尽管此时大家已经接纳了小武女婿的身份，可这种无意识的取笑，到了文婷那里却是莫名的难受。

有六Q的女人最好命

两个人的婚姻生活，也不如想象中的甜蜜。恋爱时，小武知道文婷爱干净，总是把自己弄整洁了才去见她。结婚后，一切安定下来，人不免也变得懈怠些，被压抑的本性逐渐显现出来。生吃葱蒜等有刺激性味道的食品、不经洗漱就上床这些事，说起来可大可小，但对文婷却是不可忍受的。冷战时，两人常常是你吃你的，我吃我的，你睡卧室，我睡客厅。

平心而论，小武对文婷的感情是很深的，他愿意通过自己的努力，让妻子过上好生活，可他就是不明白，她的小姐脾性怎么这么严重？

这就是无法沟通苦恼了两个好人，两个相爱的人，加起来不一定就等于是一段美满婚姻。

如果我们对当今的女孩子说，找爱人，一定要与父母合得来，也许会有人反驳说："他又不与我父母一起过日子，我的感情由我做主，这有什么不对吗？"其实与你的父母形成良好的互动，代表着他的教养、个性、言谈举止为你的父母所欣赏，基本上也就会与你合拍。毕竟，你从小就是由父母一手养育成人的，家庭的烙印，虽然看不到，但它必然在你身上存在。

结婚双方的家庭或本人如果经济、地位、学识、成长的环境等相差较大，结婚以后一般不会幸福。随着时间的推移，两人的价值观念、消费观念、文化、娱乐、卫生习惯、感情期望等方方面面都会格格不入，他们都会坚持认为自己是对的，对方是错的，要求对方忍让和改变，久而久之，他们就不再是平等的关系，婚姻也因此出现危机。

同样，一个女孩如果在婚姻上过于"高攀"了，她获得幸福的几率也不会太大。不相信，请看那些嫁入豪门的女星，一时的风光过后，多是受虐、婚变等负面新闻了。

一个小家碧玉，因为爱情嫁入豪门，固然可喜可贺。但是婚礼之后呢？丈夫的家族是否能长期善待出身寒门的媳妇呢？就算对媳妇不错，那对媳妇的娘家人呢？作为女儿的能坐视婆家人对自己老实巴交的父母冷眼相对吗？没有相当的经济背景的话，在以后的实际生活里，会深切地体会到两个家庭之间的差异。

当然，现实身份差异很大而婚姻却很和谐的故事也是有的，那需要彼此有一颗包容的心，不断地去磨合、谅解、愉快地接纳对方的差异。但那毕竟不是一件容易的事，作为女人，还是理智一点、"世俗"一点，不要选择与自己差异太大的男人。

如何让你心仪的男人关注你

追求爱是每个人获得幸福的权利，想让心仪的男人关注自己是人之常情。聪明的女孩应该在拥有矜持的同时，积极地去追求幸福。丘比特神箭有时也需要我们强硬地夺过来，要知道，一时的勇气，换得的是终身的幸福。但如何让心仪的男人关注自己呢？这就要拿出自己的个人魅力及十八般攻略了。

首先要去了解他本人及他周围的人，间接的、直接的

知道他的喜好、生活规律，创造一些巧遇。找到与他共同的爱好，不经意地聊起。同时，要处理好与他身边兄弟们的关系。如果你能够和他的一个比较要好的朋友、同事拉上关系，无疑是占了人和之利。心理学家说过，当一个人彷徨的时候，第三个声音就会起到举足轻重的作用。这个人极有可能会影响他个人对你的看法。

喜欢一个男人，不要死缠烂打地直接来

有时候迂回更有效果，要适当地体现出你作为女性温柔体贴的一面，让他觉得你是个不错的女人，要对他好，全心全意地付出，最好让他最终可以依赖上你。

比如自己的蓝颜知己，总会在苦恼的时候找你诉说，你只需要当一个知心大姐，最后不动声色地走进他的世界里，让他懂得，其实最了解他的人还是你。如果他开始对自己有好感，就顺水推舟在一起，如愿以偿，成就一桩美事。

要学会自己创造机会，主动跟他联系

其实对他而言不一定会感到突兀，其实心虚的往往是自己。要进退得宜，不

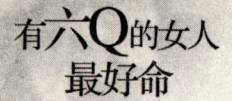

矫揉造作。要学会创造适当的机会,比如提议宿舍联谊,然后选择他所在的宿舍。比如借移动硬盘,偏偏要借他的。大家一起出去郊游,选择和他靠近的位子上。慢慢靠近他,让他知道自己的存在,并让他一点点地了解自己、熟悉自己。

当然,最主要的是要记得,不要太激进,要沉住气,如果你太着急,就会让人觉得你很轻浮,可是如果你过于迟缓,也可能让其他人占了先机。循序渐进,在关键时候再发出"致命一击"。

要学会让自己保持纯真的一面

适当的稚气会让你更加的可爱,男人同女人一样,同样会有着泛滥的感情,只是他们比较内敛,不轻易表达,当你真正可以和他成为朋友的时候,这样的一面绝对会更加吸引人。

自爱会让男人更尊重自己

不论你多么的爱对方,可以适当地牺牲、改变、付出,但是千万不要迷失原来的自己,因为只有真正的你才是最可爱的。

在关系没明朗化以前,千万不要企图用失身来拴住男人,这样的女人是最笨的。即使在男女平等的年代,不论你承认与否,女人在感情上的伤害通常会更重。所以要学会保护自己。

给他留下深刻的印象

赵小楣那天无聊,在公园闲逛。看到有一个男孩子一个人坐在长椅上很久,但总是没有人出现。她想,是不是被人放了鸽子。但他始终都不着急,一直在埋头看书,偶尔会接打一两个电话。身边放的是一个旅行背包,像是学生的样子。专注的样子很让人心动,单身一年多的她心里不由得起了波澜。

于是她直接走过去,礼貌地向男孩子打了招呼,并将自己的手机递给他。男孩子开始有一些莫名其妙,但是却听赵小楣极为动听地说:"能教我怎么储存电话号码吗?"

男孩子脸上有一瞬间的疑惑,但很快转化成一脸温柔的笑意:"要储存什么号码呢?"

赵小楣调皮地一笑："当然是你的啦。"

于是两个人就这么认识了，言谈间，赵小楣知道他本来是要去赶飞机的，但是想在这个城市逛逛，虽然待了近十年，可是似乎对哪里还都很陌生。但是宅男本性，到了这个公园便不想再去其他的地方了。

不是在等女朋友，而且目前单身，从事的是软件开发工作，是要去美国参加一个项目研讨会。赵小楣飞快地了解完情况，知道他是哪天回国之后，便告辞了。

研讨会结束的当天，男孩子准时回国，在飞机上仍然带着厚厚的书窝在自己的位子上看。意外地，他听到一个熟悉的声音，还有熟悉的味道。抬头一看，正是赵小楣，她正是这次航班的空姐，职业端庄。和公园里那个可爱调皮的邻家小妹相比，完全判若两人。

下了飞机，两个人自然约好了去一起想去的烧烤店。其实，赵小楣是刻意与同事调了班，出现在他乘坐的班机上，只为了展现自己另外的一面给他。

用智商吸引他

男人普遍认为，智力型美女的美丽如同醇酒——相伴时间越长，魅力越持久。

落纱是一名实验物理教授，工作时间除了教书就是工作。休闲时间还是一个普通的女人，正常地看书看碟听音乐，很少跟人谈起自己的工作。除非有人因为好奇，一定要让她讲个究竟，她才会简明扼要地讲一些最基本的东西，又吸引人，又满足了大家的期待。也正是她口中的那些术语征服了其中在场的一个律师。他很喜欢她身上表现出来的理科人特有的镇定沉着与思辨力。

她捕捉到了他的好感与赞许，谈论自己的事情时，总会将目光投向他，期待他的反应。两个人终成眷属，当他被人问起，怎么会娶一个这么高智商、别人眼中的第三人类时，他说："我很难享受和那些只会咯咯傻笑的女人的谈话，交谈时，我希望自己的另一半能说出建设性的观点。如果她既漂亮又有趣，我愿意跟她到任何地方。"

总之，想让心仪的男人关注自己，首先就要表现出自己最好的一面，因为最

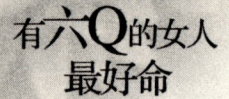

终起作用的还是自己本身。该主动时主动,该暗示时暗示,该借助他人之力时借助他人之力。进退有度,才能赢得男人心。

保持适当的"神秘感",别让男人对你太有把握

神秘,本身就是一种吸引力。女人的神秘,则在神秘的脸上再蒙上了一层面纱。那种一眼就被男人看穿底细的女人,仿佛一张白纸,干巴巴的不会形成什么吸引指数,更没有什么神秘魅力值得男人去靠近探究。神秘的女人,永远是男人心底的聚焦处。

神秘就是距离,就是变化。距离产生美,变化产生魅力。人与人之间,不可过分密切,不可不分彼此。因为,人离得太近了,缺点就会放大,优点就会缩小。有一点距离、有一点隐私、有一点秘密,是聪明女人的选择。让男人永远感觉你就在他面前两米远的地方,只要他一伸手、一跃步就能抱住你。虽在他不远的地方,但又不是触手可及,他不会那么容易就得到你。

要适当地保留,不要将所有和盘托出

两个相爱的人,对对方一定是有好奇的,希望尽可能多地知道对方的一切。但最好不要将自己的事情全盘托出,一点点地展现自己,同时可以让感情一点点地变深。如果在感情还未走到一定程度的时候,就已经让对方知道了自己的全部,对你的热度也会随之急速冷却,恋爱双方还是要保持一些神秘感比较好。爱情的美丽就在于它的"神秘"和不可捉摸。适当地保留一点、隐藏一点,那样才会为你的爱情添彩。

可以保留某一时期或是某些话题,保留出一段空白的岁月,而且这段空白一定要有一些特别的不同凡响之处。这些可以作为以后无聊时的话题,是他人知道但是唯独他不知道的。当他知道的时候,一定会惊讶你的过去。这个时候,你只

要表现出一副不以为然、轻描淡写的样子,便会让他觉得又神秘又传奇。

性感的女人最惹男人牵挂,牵挂可以让男人感觉到性爱之外的一种幸福,从而又可以进一步加重性爱的分量。一点牵挂、一点思念、一点寂寞、一点忧郁都更能增加你的女"性"魅力。

天天相恋,但不要天天见面

相恋容易相处难。很多人都会发现,结婚后的人跟平时恋爱的人,似乎判若两人。就是因为生活和相恋是两个概念。

处于相恋期的两个人,要刻意地避免天天见面,见面过于频繁,爱情的高潮会很快结束。联明的女人要懂得适当地与恋人保持距离,一个星期见三四次面,其他的时间用电话、电脑来联系对方。相见不如怀念。

这就需要让自己的时间充实起来,可以将自己的空余时间安排给朋友、亲人还有自己,而不是全部都以他为主角,两个不互相纠缠的人,有各自生活的人,即使相处起来也不会太累。

保留自己的一些见解

不要将自己所有的想法和盘托出,偶尔地发表一下独到的见解,让他觉得你很有深度和内涵。

同时,多展现一下自己的多面性,可以很直率也可以很细腻,可以很坚强也可以很多愁善感。你的多变会给他带来一种新鲜感,让他不会厌倦。

增添新的神秘

时间久了,再神秘的内容也会变得不神秘,这个时候,就需要自己填充一些其他的神秘。

学习一些新东西,补充自己的知识,偶尔说一些新鲜的词汇和最近发生的有趣事情,给人一种博学多才的感觉。要让他觉得跟你在一起,永远都有好玩有趣的事情发生,而不是一成不变的无聊。

坚持原则,别把自己轻易交给他

不要把自己轻易交给他,即使已经开始谈婚论嫁,即使自己也心甘情愿。得不到的永远都是最好的，坚持原则，是为了给爱情上最后一道锁。过早地把自己交给他，两个人的心态和心情都会发生一些微妙的变化。

瑶瑶有一个相恋不到一年的男友。一开始，他并不是她的理想选择，因为他个子矮，在一米七的瑶瑶眼里，他就是二级残废。但是他对她一见钟情，将她的喜好一一打听清楚，凡是她喜欢吃的、玩的，都会带她去相应的地方。

经不住糖衣炮弹的"轰炸"，她同意了。他除了个子矮，其实真的很帅，她又偏偏是一个颜控。两个人在一起的时候，有一些累。她本是一个高傲的人，他条件很好，但她却远远觉得不够。他便觉得她给了他一些无端的压力。

但她还是把自己给了他，这个时候，她却意识到他其实很在意她不是处女这件事情。他为此很在意，并因此提出了分手。而瑶瑶，只是这场爱情游戏里的牺牲品。有一天，她忽然意识到，他分手的原因，并不是因为自己的第一次不是和他在一起，或许是因为性格或其他的原因。而自己，先前已经意识到了，只是自欺欺人地想用身体留住他。而其实自己的身体是他最后一道神秘的关口。他突破了，便没有任何留恋了。

要神秘，但不要欺骗

当然，保持神秘感是为了使彼此的感情能更久更美地保持下去，但并不要为了刻意去保持神秘而隐瞒什么。最重要的是，不要隐瞒关键性的事实。比如自己曾经有过婚姻，做过大手术，身体上有一些问题，这些一定要清楚地告诉对方，不要当事情真相大白的时候，才承认这些。

这个时候的真相是和欺骗相联系的，保持神秘和欺骗不是一个概念。保持神秘，是自己下意识地不主动去说一些事情，但是当对方问起的时候，就应该真诚地相告。不要刻意地隐瞒自己的想法，因为沟通很重要，让对方知道你在想什么，而不是让他劳心伤神地去猜测你的心思，以至于最后误会重重，再解释也无济于事了。

当然，在自己保持神秘的时候，也要记得不要对对方过于盘问，也给他留一些空间，让他去维护自己的神秘。当然，要通过女人的敏锐去判断他的神秘本质是什么，只要不是有违感情的事情，都可以允许和包容。

第二节
在"爱"面前要保持从容平静的淑女姿态

爱,是可遇不可求的,每个女孩子都渴望有一份真诚的爱,一双可以依靠的肩膀以及一颗温存的心。但不是所有的人都能在正确的时间遇到正确的人,许多人的时光,都在默默的等待中度过了,甚至等到面容憔悴、心如止水时,所期望的爱仍然没有出现。这份执著很痛苦,这份寂寞很难熬,但爱本是高于现实的理想之物。无论那份爱来还是不来,都要从容平静地面对。对爱的期待,对爱的爱,比爱本身更加珍贵。

再寂寞,也别为恋爱而恋爱

再寂寞,也别为恋爱而恋爱。为恋爱而恋爱的人,最终浪费的是自己的时间、金钱。而对于女人来讲,无论是时间还是金钱,都是珍贵的。和一个自己不爱的人相恋,最后伤害了别人,也伤害了自己。

而且,如果因为寂寞,便为恋爱而恋爱,最后你的人生会变得悲哀,爱情犹如已经购买的物品,自从付了账那一刻起便开始贬值。虽然这个时候的爱消磨了寂寞,却增添了空虚。

李萌读大学的时候,身边的好朋友都名花有主,只有她孤孤单单一人。尤其是周六、日,想找好朋友一起逛街,都找不到人,而且,远方的朋友们,无论男女,都传递着一种忙着恋爱的信息。

有六Q的女人最好命

李萌有一些失落，觉得非恋爱不可了，不仅仅是因为打发漫长的寂寞岁月，更因为，给自己找一个人，似乎是为了证明自己什么。

想到就做，李萌就近选择了学生会的一个男孩子——李超。李萌对他没有什么感觉，只是学生会的那个男孩子说见到她第一眼的时候，就觉得她身上有着与众不同的气质，是所有人中让他唯一记住的一个。而且，两个都姓李，不是一种命中注定的缘分吗？

其实李萌有一个喜欢的人，那个人是自己的高中同学吴海。吴海在另外一个城市读大学，两个人一直保持联系，但是她觉得他的心并不在自己这里。两个人，只是那种单纯的好朋友关系。她觉得他太优秀了，优秀得让自己都不敢有非分之想。虽然吴海也会主动联系自己，可是她似乎感觉不到除了普通朋友的问候之外还有什么。

李萌和李超很快就在一起了，她终于不用再担心一个人自习，周六、周日没有人陪了。虽然和李超在一起，总感觉彼此之间少了些什么，但是李萌不在乎这些了，她不喜欢一个人孤单着，她要过和大家一样的生活。

可是不久，她发现吴海似乎不再怎么主动联系她了，她有一些奇怪，在想，可能这家伙也有了女朋友，无暇顾及自己了，但自己倒是要慰问一下，其实她主要是想知道他喜欢的是什么样的女孩子。

电话打过去的时候，吴海似乎一个人在自习。接到她的电话，似乎有什么话想说。李萌感觉到了，便开玩笑地说："吴大帅哥，你有什么话要说，快点说啦。今天吞吞吐吐的，是不是交女朋友啦，也不汇报一下。"

吴海说："你听谁说的？倒是你有了男朋友也不告诉一下，不过你男朋友挺帅的。"

李萌忽然意识到什么了。因为没有人见过李超，她也不曾给任何人发过照片，吴海是怎么知道的？

在李萌的盘问下，吴海道出了实情。事情就是那么巧，那天，是李萌的生日，吴海专程去了李萌的学校，想给她一个惊喜，也想鼓起勇气作告白。可是却偏偏在那天，看到李萌和李超开心地在一起的情形。

李萌知道后，心里翻江倒海，什么滋味都有。出于女孩子的自尊心，她没有告诉吴海自己和李超在一起的真正原因，而是开玩笑地说："你个傻小子，怎么不早一点告诉我，如果早一点说的话，我现在就是你的女朋友了。"

吴海说："我现在说，是不是太晚了？"

李萌有一些想哭的冲动："不是，现在知道了，仍然很感动，只是，想不到你会喜欢我。如果能早一点该多好，我现在不想伤害李超，他对我，真的很好。"

其实，李萌最真心的想法是和李超分手，和吴海在一起，可是她又不忍心，那样做，自己太自私了，李超完全成为了她的利用工具，她做不出来这样的事情。只是，她和李超还是分开了，是在半年后。

她和李超最后吵得很凶，李超也说了很多过分的话。李萌默默地承受了，或许，这本是自己要付出的代价。当初的目的本就不单纯，也注定不会有什么好结果。自己对别人不尊重，也没有必要要求别人来尊重自己。

跟李超分手后，李萌发现，拿感情当游戏的自己，当一切都回归到平常的时候，更寂寞。而她要重新洗牌，得付出更大的代价。

那个时候的吴海也有了女朋友，那段还没有开始的初恋，只是成为了她生命里带有一些滑稽和伤痛的回忆。李萌试图挽回，可是已经错过了，就像当初她不可能离开李超和吴海在一起一样，每个人都要为身边的人负责任，即使是普通的恋爱。她见过那个女孩子的照片，眉眼间和自己有诸多神似。

我们不知道自己在填补寂寞的时候，会失去什么。寂寞的时候，不是没有人爱自己，而是没有遇到爱自己的那个人，这个时候，就要更爱自己。要学会等待，等那个真心的人出现。当那个人出现的时候，你会发现，自己曾经的等待是值得的。

其实，填补寂寞的方法有很多种。可以读书、可以运动、可以娱乐、可以旅游，即使自己一个人，也可以将生活调节得充实快乐。或许不经意间，你会遇到一个与自己志同道合的人。因为缘分遇到的爱，才是健康的爱，才会长久。我们要因为爱，所以爱，而不是因为寂寞才为了爱而爱。

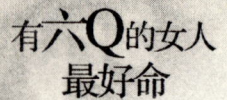

"灰姑娘"们，不要在成功男人面前乱了章法

都说每一个女人都梦想当灰姑娘，嫁给一个王子，过上幸福的生活。而实际上，许多男人也希望自己是一个王子，找一个漂亮温柔的灰姑娘。而且，行动起来也很容易，只不过是找智商、收入都比自己低几个等级的女孩，金字塔从来都是上面小底座大，有众多的灰姑娘可供选择。但反过来想，不是每一个灰姑娘都能那么幸运地得到帮助的，丢了水晶鞋，还恰好被王子捡到。

然而，灰姑娘多，王子少，灰姑娘要做的就是安心地寻找自己的幸福。如果对方刚好是一个王子，就会美梦成真。如果对方不是王子，也要甘心享受自己的爱情，不要在成功男人面前乱了章法。成功男人固然有千般好，有房有车有钱，但是他们身边莺莺燕燕也围绕了太多的女人。不止有灰姑娘，还有各色公主人物。成功男人是你的，就是你的，不是你的，乱不乱章法都不是你的，乱了章法就更不是你的了。

我们也不要忘记，在童话故事里，最后主动去寻找自己幸福的是王子，而不是灰姑娘。现在生活中也是，牌都在王子手里，王子更喜欢去追逐。

1999 年，在德国已经小有名气的波尔一直注意着街道理发屋新来的菲律宾姑娘德艾。她 7 岁丧父，之后就被叔叔带到了德国。令波尔过目不忘的，不是这位发型师精湛的技术，而是她开朗的笑、巧克力般的肤色及丰腴的身体。他承认，自己坠入爱河了。

2002 年，在夺得乒乓球世界杯男单冠军的当晚，波尔就打电话向德艾求婚了，然而他这次求婚却遭到了拒绝。因为德艾还无法确定他的真心，自己只不过是一个再普通不过的女孩子，而他，却已经功成名就。但是波尔并没有灰心，而是仍然坚持自己的信念，他确信德艾是自己命中的佳人。

终于，2003年底，德艾接受了这个德国乒乓球世界冠军的求婚，他们组成了家庭。婚后，波尔"恋家"与"爱妻"的名声不亚于另一位乒乓球世界名将萨姆索诺夫。每次集训结束他都是第一个急匆匆离开的人，有时连饭也不吃就往家赶。据说，2004年奥运会前夕，为了让恋家的波尔不分散精力，德国国家队的集训甚至安排在了他家所在的那个镇上。

灰姑娘和王子相恋相爱，如果王子无意，灰姑娘再努力也换不来什么，而且到最后伤痕累累。但是王子就不一样，王子有实力去投资自己的爱情，灰姑娘到最后终究会被感动。

莫宇珉每周四在一家酒店弹钢琴。那个时候她正大三，出来为自己赚取生活费，也为了提高一下自己的琴艺。

每次她都是准时来，按时走，从来没有流连在酒店，想在众多形形色色的男人中物色一个的意思。她知道她不属于这里的任何一个人，换下礼服，洗掉精致的妆容，她再普通不过了，是普通城镇上的女孩子。她的梦想，就是去一家学校当一名音乐老师，或是自己开一个钢琴培训班，专门教那些喜欢音乐的小孩子。

但是有一个人，注意到了这个不起眼的钢琴师。他从酒店获取到了她所有的资料，每周四晚上都会坐在固定的位子上，那个位子能清楚地看到莫宇珉的细微表情。

莫宇珉很专注，一直都没有发现他的存在。直到他开始点曲子来弹，并支付看起来很可观的小费。莫宇珉每次都用心地将他点的曲目弹好，并礼貌地告退。从来都是以功课为由拒绝他的邀请。

她是一个冰雪聪明的女孩子，知道他的来意。而且从他的衣着打扮来看，也能猜测到他的身家不菲。

但是她也知道，这么年轻就如此多金，一定不是自己亲手赚来的，身后有父母的支持，这样子的公子哥不是她的选择。更何况，莫宇珉已经有男朋友了。

但是公子哥非常执著，穷追不舍。由每周四的鲜花攻略，发展到每天的鲜花礼物攻略，由专人送到莫宇珉的琴房。

莫宇珉的男朋友知道后，想主动出面和公子哥交涉一下，但是莫宇珉阻止了，她不想让自己心爱的人受到伤害，也不想让他在公子哥面前失去尊严，毕竟彼此间的条件相差甚远。

莫宇珉不胜其烦，便打电话给他，想跟他开诚布公地谈清楚。

公子哥准时而来，莫宇珉带他来到学校里的咖啡厅。她只是礼貌地招呼他坐，认真地给他讲自己的事情。她说她很满足于现在的生活，无论是学业还是男朋友，她都觉得这是她最理想的状态，她不希望被改变，而他的一系列行为都给她带来了困扰。但她很感激他对自己的欣赏，以及一直以来的付出。

公子哥本来信心满满的，因为他自以为有内涵有修养，没有他砸钱搞不定的女人，何况莫宇珉这个平淡无奇的女孩子。但是听了莫宇珉诚恳地讲了自己的一切，他在失落之余还是觉得可惜。

再后来，他没有再出现在莫宇珉的世界里，而莫宇珉的生活也归于平静。

很多人都替莫宇珉可惜，公子哥年轻富有，错失了条件这么好的人。但莫宇珉却不这么认为。虽然自己是灰姑娘，但是灰姑娘也有灰姑娘的选择，灰姑娘为什么可以不选择王子，灰姑娘也有自己的生活节奏，难道出现一个王子式的人物就要打乱原本的生活吗，按部就班地过自己的日子一样开心幸福。

越是成功的人，越喜欢追逐游戏，灰姑娘只要保持自己的章法即可，无论是对手是否是自己所喜欢的。

灰姑娘们，即使遇到了成功男人，在对方没有任何倾向之前，都要保持自己的节奏，否则只会是飞蛾扑火的结局。成功男人身边从来不缺女人，他们懂得女人们的一举一动，知道她们所好，甚至知道她们所想。

不是所有的灰姑娘都能嫁给王子，即使灰姑娘嫁给了王子，生活也不一定幸福。《灰姑娘》的童话没有续篇，可是如果有的话，我们或许想象得出，平民出身的灰姑娘要接受诸多礼规的训练和约束，或许还会有婆媳战争，还有生活的焦虑与痛苦。

灰姑娘的幸福不是成功嫁给了王子就能获得，而是嫁给王子之后是否能过得幸福才是真正的幸福。

如果一个男人开始怠慢你，请毫不犹豫地离开

如果一个男人开始怠慢你，请毫不犹豫地离开。离开是最好的选择，继续耗下去只能是自取其辱。男人对待感情不会拖泥带水，喜欢的时候会放开马力去追，不喜欢的时候，便会毫不留情地丢掉，这就是男人。

一个男人开始怠慢你，不管什么原因，都不要再去追问，更没有必要再继续付出自己的温柔与爱意。不珍惜自己、冷漠伤害自己的人，何必还要对其强颜欢笑呢？如果男人变了心，就不要徒劳去挽留。

女人和男人的差别，就在于处理感情上的干脆程度不同，男人无论追求和放弃都会干脆利落，但是女人不是，女人总是犹犹豫豫。因为总是无法从耗尽了自己青春时间的感情里抽身而退，即使明明知道会受伤，但仍然执迷不悟。

尼莫不是一条小鱼，是一位清新可爱的女孩子。相恋7年的男朋友就是喜欢她身上清爽干净的感觉，无论什么时候，她都简单干练，能将日子过得开心自在，她天生就是会享受生活的人。

男朋友常雷是一家公司的经理，是不婚主义者。尼莫也觉得结婚其实并没有什么意义，因为两个人都并不打算要孩子。这样的爱情似乎并不需要一纸婚约来约束，两个人也相安无事地相处了7年，这7年里，分分合合了几次，但是回想起来，甜蜜居多。无论是国内还是国外的长假旅行，都让尼莫觉得自己找对了人，有结婚的冲动。但是两个人都没有上心，有的时候还会开玩笑讲，如果这次不借机结婚，恐怕以后就没有机会了吧，想不到一语成谶。

尼莫有3个月的时间到美国进修英语，因为她一直以来学的都是俄语，因

有六Q的女人最好命

为公事被外派。3个月的时间里，常雷还去美国看过她一次，那个时候的尼莫满嘴都是英文单词以及常用语，根本没有发现身边的常雷有什么异样，因为在美国的那几天，常雷似乎比自己还要忙，每天都会有同学朋友安排他聚会。有的时候甚至会以住在朋友家为借口不回来陪她。尼莫也不以为意，常雷的交际圈本来就挺广。

3个月期满，尼莫回国了。公司的人直接将她送到家里倒时差，她事先没有通知常雷，忙着回国处理大大小小的事情，又因为时差的原因，她的回国似乎是静悄悄的。

她不在的3个月里，家里已经乱得不成样子。她收拾完毕，睡了一大觉醒来的时候，常雷还没有回来。她打电话给他，那边似乎在很安静的会所，她兴高采烈地说："亲爱的，我回来了，什么时候才会回来？"

常雷在那边似乎沉默了一下，但沉默很短，说："我马上回来。"

尼莫总觉得有什么不对，家里虽然乱，但是不是男人一个人在家里的乱，似乎有女人在这里待过，因为有女式香烟的烟蒂，还有红色的头发，而尼莫，永远都是柔顺的黑长直发。

想想，自己3个月不在，他带女人回家也正常，只要不来真的就没关系，尼莫也不打算追问，自己刚回家不是吗，好久没见了，应该有很多的话、很亲密才是。说其他煞风景的话，就太伤感情了。

可是常雷似乎并没有多开心，也没有问长问短，对尼莫收拾出来的焕然一新的家也没有发表任何意见。尼莫睡饱了，吵着想吃虾，常雷都不肯带她出去。

尼莫很聪明，意识到常雷的变化。她借口不困，在客厅里看了一整晚从美国带回来的DVD，天亮的时候就直接在沙发上睡着了，常雷却没有过问一句。

不过两个人的班都还是要上的，常雷可以不按正常时间上班，但是尼莫却要，她的工作就是负责招待欧美来的考察团，给他们最好的照顾，应酬是免不了的。当天，尼莫就拉下来一个大的投资项目，公司为她召开接风宴加庆功。

很正常地，尼莫喝多了。被同事送回家的时候，已经睡着了。尼莫醒来的时候，常雷不在床上，手机上也没有他的未接来电。

尼莫以宿醉为由向公司请了一天的假，开始整理东西，她有一个预感，即使和常雷坦诚地讲清楚，自己也要离开，只是离开的快和慢而已。

收拾东西并不难，只带走和自己有关的，无关的什么都不要。她边整理东西边想着这几年的过往，两个人，这么久还不结婚，就只有分手了，怎么可能会相恋一辈子呢？

7年了，也到痒的时间了，即使不是对方痒，也是自己痒吧，虽然现在的自己还远不到痒的时候。事到如今，纵然有再多的舍不得，也要离开了。在感情上，自己是一个很依赖男人的女人，但是并不代表没有男人日子就过不下去。而且只是搬回自己的家里，自己在某一处不也有一个小窝吗？虽然没有这套房子明亮宽敞，但是布置一下，还是很舒适。当初的小屋不出租也不卖，就是害怕有这么一天不得不离开。

两天前还在国外，两天后就闪电般地回到了自己最原始的家了。一切似乎回到了起点，只是青春已尽。

将常雷家的钥匙快递过去，重新又将自己的家收拾了一遍，去超市买了最舒适的床和被褥，电话关机，又是一大觉。太累了，离开也好，不用再去惦记他，不用再去关心他，也不用再总是担心这一天什么时候会到来。

第二天一大早，手机开机了，只收到常雷简单的两条短信，第一条是："你走了？"第二条是："对不起。"

尼莫笑笑，眼泪随即流下来。

事情终于结束了，没有拖泥带水，也没有哭哭啼啼，甚至当事双方连最基本的沟通谈论都没有。或许有一天，常雷会后悔，但那是很久以后的事情了，就像读过的书，翻过了就是翻过了，不可能再回头。

离开是一件很痛苦的事情，即使表现再潇洒。但至少自己做了感情的主人，因为留下来，折磨的是两个人，所换来的也不是他的回头，而是更多的伤害和痛楚。

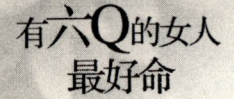

无目的的付出不存在，谨慎接受男人的馈赠

天下没有免费的午餐，男人也不会白白付出的。按世俗的理解，男人为女人埋单天经地义。拿人的手短，吃人的嘴软，这是一个现实的世界，不是靠性别来主宰、来控制的世界。

而且，作为男人，在付出的时候也会带着各种情绪的。或许是作为男人这一物种，不得不买。有时是讨好与献媚，有时却包含着轻蔑和施舍。只是男人的付出并不单纯，都包含着各种各样的目的，有着自己才清楚的私心。

不是所有男人都身怀一掷千金的本钱，太过贵重的东西其意义就是承诺，那样的出手，是期望有回报的，你接受了，便意味着也接受了他传递过来的信息。从此，就要受他百般的缠绕。

莫文林是日本留学生，之所以选择去日本留学，是因为那里有自己喜欢的明星，她是哈日一族。她的留学经历，既平凡又雷同。去日本申请上语言大学的过程很顺利，读了一年半之后，就顺利地进入一家日本著名高校读研究生了。虽然不能说她是留学生中的佼佼者，但不失为留学生中的幸运者。

刚到日本的时候，环境陌生，还好的是，她自修日语没有语言障碍。在学校附近与其他同学一起合租。

刚到日本的时候，她经济拮据，和同班一个女同学住在一起，那个女同学人品素质都相当差。而且她不喜欢听她说话，住得很是煎熬。所以，在学习以外，她就外出打工，在中华料理店洗碗。等到经济稍微宽裕一些后，她就着手搬"家"，虽然房租相对贵一些，但还不是那么难以承受。

在找房的过程中，她遇到了一个日本男人——房屋中介。那个男人看上去老实本分，将她的要求与条件用心地记下来，一一为她筛选合适的房源，并说：

"中国留学生来到日本不容易,又要读书又要打工,还要忍受日本的高物价。生活习惯不一样,生活环境不一样,真是辛苦。"

背井离乡在日本已经半年多,第一次听到别人理解同情的话,莫文林顿感温暖,虽然这些话里带有一些怜悯和不屑,莫文林还是感动了。她不由得打开话匣子,与日本中介聊了很多,包括自己生活的城市杭州、自己的家人、自己的弟弟妹妹,等等。中介还开车陪她看了几处房子,并最终帮她选择了一家价钱适中、生活便利、离学校和打工的地方都不太远的住所。而且,中介还动手帮她搬了家。

对于突如其来的热情,莫文林感觉到了一些不妥,但是想着可能自己是客户的关系,日本向来不都是靠服务制胜的吗?于是也没有多想,当中介要她的电话号码及邮件地址的时候,她根本没有任何顾忌便给了他。作为回报,她特意为他做了一顿丰盛的中国饭菜。

莫文林的房子已经安排好了,但是中介的热情并没有消退,而是隔三岔五地过来送她一些生活用品,说是一些旧物品,而实际上有一些东西还是全新的,甚至并没有拆封,而这些又正好是莫文林所需要的,他非常清楚她需要什么。

她觉得有一些不妥,但是对方已经带过来了,又不好意思拒绝,而且中介说这也是别人送给他的,他用不着,就借花献佛。莫文林知道这不是事实,但也没有拆穿什么,或许内心里,她其实是想要那些东西的,她的拒绝也不过是礼貌上的客套。

渐渐地,中介来的次数越来越多,以各种理由,跟她探讨中国文化,向她请教中国的历史,还有,他想师从她学习汉语,按小时付费,出手相当大方。莫文林动心了,她虽然觉得这个男人对自己似乎过于热情,但自始至终他都没有表现出不轨的行为,一直都是表现出体贴礼貌的绅士风度。而且,在教他中文的时候,自己也可以练习日语。

有六Q的女人最好命

她教完课，中介会顺便提出想吃她做的中国菜，而且每次都已经买好了食材。莫文林也欣然应允，有一个人陪着吃饭也不错。她内心里一直希望这样的日子不要有任何变故，自己和中介的关系不要再进一步，但也不要疏远。的确，有日本中介在，她的生活似乎充实温暖了许多，他们几乎无所不谈。他知道了她很多秘密，比如，刚开始迫于生计，不得不在俱乐部上班。

但事情依旧不受控制地前进着。暑假的时候，中介提出想去中国杭州旅游，邀请莫文林做自己的向导，来回机票都由他支付，并且支付她导游费。用别人的钱免费回国，真是天上掉馅饼的事情。

而且她还介绍自己的妹妹与他认识，并请求他也帮助妹妹办理去日本留学的手续，他一一答应了。

回东京之后，他们的交往依然继续。他仍然按时来学习中文，只是有的时候会在这里留宿，莫文林也默认了。因为她觉得接受了中介那么多帮助，自己也应该回报一些什么，而且是尽心服侍。

可是后来，中介提出了一个要求，每月要给她10万到15万日元，然后让她把所有的工作都辞退，但要让她做自己的情人。他本人是有家有口的。

她无法答应这个要求，她不能让自己成为这个日本男人的俘虏。但是这个日本男人却说："既然你不答应我，我就到你的大学去告你，到东京入国管理局去告你，就一定会把你的人生搞得一塌糊涂。"

她不相信，觉得这不过是一种威胁，自己一点点地将曾经收受的东西再慢慢还掉就是了。但是想不到，这个中介很强硬，找到了她的学校、她的导师，将她的过去全部都讲了出来。

她被学校劝退，离拿到学位只有两个月的时间了。她如果现在走，一切都功亏一篑。她向中介求情，中介给她两条路，一条是做自己的情人，一条是马上将所有的财物一并退还。

最后，她忍辱偷生做了那个日本男人的外室。

有的男人的钱是不能花的，会一步步地掉进一个温柔陷阱里。一个女人，除非走投无路，不然不要花男人的钱，平白沾这种光，欠了人情不说，还给自己带来心理压力，倒不如清清爽爽地自给自足，日后也不会落人口实，受人要挟。

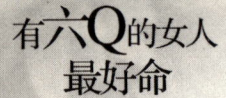

第三节
不好的爱情是女人的一曲悲歌

女人,青春太短暂,不要陪男人一起玩"恋爱"游戏,在这场游戏里,女人永远都是最大的输家,无论当初的女人是对还是错。不要将时间浪费在不爱的人身上,也不要将时间浪费在不能结婚的人身上,更不要将时间浪费在不爱你的人身上。因为,还有一个你爱的也爱你的人,在等着你留出时间、留下心情、留出精力去找寻。

择偶如择衣,最好的未必最适合你

男人常说,女人如衣服。女人就会回,即使说女人如衣服,也有男人穿不起的牌子。实际上,女人如衣服,男人又何尝不是?

很多时候,一眼钟情于一件衣服,不管适不适合自己就是执意地喜欢着,毫不犹豫地买下来,虽然价格不菲,但却高兴得不得了。在同伴中不停地炫耀,但是她们却会告诉你,这件衣服你穿上去真的很不适合,穿上去之后,橱窗里的耀眼与光芒并无法体现在自己的身上,一席话说得自己冰凉,那件下了狠心买下来的衣服从此再也没有见过天日。

在生活里,英俊的男人,犹如在华丽的橱窗里摆放、在耀眼的灯光下照射的衣服,需要一定的包装才能显示自己的魅力。

丑陋的男人犹如睡衣,不好看但实用。

成功的男人犹如高级时装发布会上的衣服,流行且受欢迎。

失败的男人犹如被揉皱的、洗褪色的衣服，被冷落在角落没有生气。

小气的男人犹如打了补丁的衣服，即使料子再好，款式再新颖，总觉得那个补丁很刺眼，无论如何也穿不出门。

大度的男人犹如含棉的随身T恤，永远简单舒服，可以轻轻松松地穿出门，雅俗共赏。

骄傲的男人犹如裘皮大衣，价格昂贵还要好好保养，得小心翼翼地处理以免生出事端，一旦有所伤害便回不到最初，只能成了次品。

自卑的男人犹如全棉的衣服，简单舒服，但也容易缩水，经不起摧残。

稳重的男人如西服，穿在身上得体大方，可远观也可近赏。

轻浮的男人如镶着亮片的摇滚服，只适合作为演出服，不实用，更没用。

……

而女人，对衣服始终有一种偏执的热爱，对男人也始终有一种飞蛾扑火的执著。女人的衣柜里永远都缺少一件能穿出门的衣服……

择偶如择衣，最好的未必适合自己，适合自己的才是最好的。那个人，即使有千般好、有万般好，但不爱你，这一点永远都无药可医。

然而，什么才可称得上是最好的？这本身就是一个见仁见智的问题，你眼里觉得最好，实际上可能是渣子。别人眼里的最好，或许在你眼里也不屑一顾。许多最好，只是局限于某一个人某一时间的感觉。时过境迁，一切都会改变。因为每一个人、每一件事物都是在不断改变、不断向前的，就像一列行使的火车，穿过一处处不同的风景，所留给我们不同的感悟和感触一样吧。也许那些时刻牵动自己内心却又永远得不到的才是最好的吧！

或许，得不到的是最好的吧，可是得不到还有什么讨论价值呢？就像是天上的星星和月亮，摘不到，只是自己幻想中的最好的罢了。

而什么又是最适合自己的呢？或许连自己尚不知道答案。但是开心幸福与否，自己最为清楚。

张欣意从小妈妈过世，因为生妹妹的时候难产。小时候老是有人欺负她妹

有六Q的女人最好命

妹，因为她妹妹爱漂亮，总是会在头上戴朵野花，结果就有男孩子欺负她，将她的脸用蜡笔涂抹。妹妹就跑来找姐姐，姐姐就替她找那个肇事者赵小风。她们一起追着赵小风跑，结果自己不小心掉进路边的小河里。赵小风虽然调皮，还是在第一时间跳进水里救了张欣意。那年他们都才8岁，一起读书，一起长大，就连大人们都觉得他们是天生一对，经常会拿他们开玩笑，当然在他们大了之后就中止了这种玩笑。

15岁那年，因为爸爸工作调动的关系，张欣意全家都离开了那个城市。她和赵小风的联系也少了，因为都要忙于功课，张欣意还要帮着爸爸照顾3个妹妹，也没有那么多时间。

转眼他们都上了大学，双方家长觉得应该是时机将孩子撮合在一起了，便商议趁他们放寒假的时候为他们安排订婚仪式。但是这个提议却一下子遭到了张欣意的反对。

这让父亲很吃惊，你们不是从小一起长大的吗？感情不是一直都很好吗？而且赵小风现在在美国，是你身边男人中最好的一个。

张欣意说，赵小风是挺好的，无可挑剔，我们也的确从小关系就很好，但是他不适合我。

父亲说，怎么不适合你？他知道你的一切、知道你所有的优点、知道你的喜好、知道你的习惯。

张欣意说，就是因为他知道我的一切，我不是特别想让自己的爱人知道自己的所有，所有的缺点、所有的糗事，而且他虽然知道我的性格，知道我任性，但从来都没有哄过我，也没有认过错。因为我们从小一起长大，我又比他大一些，所以，一切都是我让着他啊。

父亲说，把你交给他，我这个做父亲的最为放心。而且，你也知道他所有的成长经历啊，无论是好事坏事，你们都有着最深刻的了解，难道不是很适合吗？如果你找了一个自己什么都不知道的人，你对他的过去什么都不了解，我怎么放心把你交给那样子的人？

张欣意说，爸爸，我也觉得赵小风很好、很优秀，至少比我要优势10倍。但是他其实是一个需要别人保护的人，他被女人宠坏了。我需要找的是一个大男人，平时我都是把他当成弟弟看，什么都由我来出面。我骨子里不是一个女强人，一直以来，我都渴望找一个能照顾我的人。

父亲听了，忽然明白了女儿的意思，是的，一直以来，女儿都是充当着大姐姐的角色，去管教妹妹，但这个角色并不是她自己想充当的，而是不得不充当的。她内心里想过的生活，是另外一种。

或许女人不知道什么人是适合自己的，但是要好好了解自己是什么样的人，知道自己的尺寸，知道自己的体重身高，知道自己的风格，买的衣服才会适合。而且，不仅要了解自己的细节，在购买衣服的时候一定要仔细看料子、款式、洗涤、保养、成本、使用、试穿、索要合格证等事项方可购买，只有全面了解的衣服买回家才会物有所值。

坚决离开那个没有责任心的"9周半"男人

热情只维持大约两个月，两个月后他们就会移情别恋，将专注与温柔转向下一个"猎物"，甚至连一句合乎情理的解释与交待都没有，而那些被他们爱上的女人常常正沉浸在醉人的甜蜜中时惨遭当头一棒。这样子的男人，被称做"9周半"男人，出了名的没有责任心，花心到极点。

而实际上，"9周半"男人多半是有自己本身魅力的，或许有英俊的容貌，或许是有伶俐的口齿，或许是有不菲的身家。总之，"9周半"男人一定有自己的过人之处，而且有非常吸引女人的特质，否则不会对女人如此不珍惜。"9周半"男人是很难让自己安定的人，他不会轻易让自己被束缚住，除非遇到了一个特别能牵制住他的人，才使自己有了归宿。

有六Q的女人最好命

遇到"9周半"男人要及早抽身而退，毫不犹豫地坚决离开。但是，怎样识别"9周半"男人呢？

他是否从未带你进入他的世界里？从来不会带你去他的朋友兄弟圈，也不会带你去他的公司，更不会把你带到他的父母面前。每次约你，总是单独两个人或是加入你的朋友圈子。

男人平时是很在乎自己的社会形象的，如果他对你的感情压根儿不深，他会选择很小心地在他的社交圈子里保守秘密。怕你知道他的商业秘密之后从中作梗，或是对他的计划加以破坏。不过，男人与客户朋友出门消费向来都不会带自己正式的女朋友，多是找一些陪酒的女孩子去。如果你的男人拉你去和客户喝酒，说明他心里没有你，只不过是在利用你。

他是不是经常不回你短信，或是打电话不接，想起你来的时候才会主动打给你？如果是这样，就意味着，你在他的生命里只不过是可有可无的，只是在需要时才会想起来的一个填充生活的替代品，而不是愿意与你一起相依相偎携手走过后半辈子。而且，即使跟你在一起，还是不会掩饰对其他女孩子的好感。他有好几个手机，最常用的那个手机号却以各种理由保密。

在他的房间里，你会发现一些不是属于自己的女孩子用品。而他对这个供认不讳，"9周半"男人一般连撒谎都懒得撒，不会隐瞒自己的过去。但是如果你跟他谈将来，他也不会给你一个承诺，多是打一些擦边球给圆过去。因为他从来没有想过要跟你走到最后。

落韦欣平日里喜欢闷在家里，认识的男人很少，二十大几了，也没有谈过什么恋爱。无论是"9周半"的还是"半9周"的，她都不太认识。

有一天，好朋友张罗举行一场联谊会，她被拉过去凑人数，而且还是一个档次不低的联谊会。她坐在角落里，基本上不怎么说话，低头只顾着吃。不去理会别人，也不介绍自己。好朋友实在看不下去，挤到她身边坐，拉着她跟人打招呼。

倒是有一位男孩子对她挺感兴趣的，问长问短的，倒不让落韦欣觉得烦。最后两个人还互留了电话号码，男孩还亲自将她送回家。

落韦欣也觉得很开心,第一次和异性这么聊得来。不过,倒是很多姐妹嫉妒她,因为那个男人身上穿着名牌西服,手上戴的是名牌手表,还开着跑车,人称城中四少里的三太子。但他偏偏对那些精心打扮过,想从众多非富即贵的男人中物色人选的女人没有关注一分一毫,而是对那个躲在角落里,对什么都心不在焉的落韦欣兴趣盎然。

但也有人不看好落韦欣的恋情,明明就是一个爱情智障和花心萝卜之间的感情交集,怎么可能会顺理成章呢?

当然,落韦欣不知道三太子的桃花史,她一个宅女,平时对自己都不够关心,怎么还会去关注别人那么多?恋爱后,一大帮朋友在她耳朵边叨咕三太子的风流逸事。落韦欣也当故事听,她从来不觉得那是对自己的冒犯。

三太子今天带她出海观鲸,明天带她去球场看球,对于她来讲,这些都是很陌生很遥远的东西。但是她也发现三太子的确并不是一个心定的人。因为他有钱,觉得自己只要能得到的都能得到,不管是东西还是女人。

他之所以和落韦欣在一起,是因为从来没有见过这样的女孩子,只是为了一时新鲜。落韦欣也是聪明过人,很快察觉到了这一点。而且实际上,他们两个在一起,虽然很开心但并不合适。她的性格,没有办法让三太子玩得尽兴和开心。三太子的性格,也没有办法与她聊自己喜欢的事情。两个人,比起恋人来,做朋友似乎更合适。

意识到这点后,落韦欣决定离开三太子,而且真的离开了。那个时候,两个人才交往不到一个月。许多人都替落韦欣可惜,为什么不好好地守住这个金龟婿?而且两个人也没有什么严重的矛盾。说不定,落韦欣真的是三太子的真命天女呢。

落韦欣不以为意,难道看透了一个男人是什么人,还必须要等到他的本性全暴露出来吗?她也不想做那个最后能让他收心的女人,他的本性就由着他的本性好了,不要因为自己而改变,天下男人那么多,直接和自己性格合得来的人在一起多好,何必接受一个为自己改变性格的男人呢?

当然，离开"9周半"男人，并不意味着"9周半"男人就是坏人，只是"9周半"男人的恋爱方式不适合大众女性，如果自己是大众女性，就不要冒险尝试"9周半"男人。如果觉得自己刚好是"9周半"男人的克星，能与他相依相偎一起走过，就要大胆地坚持，而且一样会幸福，只是要斗智斗勇，上演更多的闹剧才会有终场。

前情旧爱，断就断得清清楚楚

前情旧爱，要断就断得清清楚楚。如果不断，分手还有什么意义？

如果是对方提出的分手，而自己还喜欢着，就试着去挽回，挽回不了就接受这个现实，因为他的心已经不在自己这里了，再去死缠烂打，会让对方觉得厌烦，对你的愧疚感也会慢慢地消失，而你，最后的一点自尊也失去了。

如果是自己提出的分手，就更不要再去回头，分手已经给他带来了伤害，如果再去藕断丝连，会让他觉得还有复合的可能。而且，是给他更深的伤害，最好还是让他慢慢地休养生息、恢复元气寻找其他的女孩子。不要太自私，不要他了，就不要希望他的心还在自己的身上。

断得清清楚楚，还意味着不要有任何财产上的纠纷和瓜葛。曾经欠他的钱物，要一一归还清楚。两个人共同拥有的，也要协商好如何处理，是大方地留给他还是一人一半。

坚决不要再跟他联系，不要有给他发短信、打电话的念头，也不要再单独去你们经常约会的餐厅、公园、影院，物是人非，勾起回忆更为伤心。没有他的人生，也一样过。即使要去这些地方，也要带新的人一起去，一起创造能替代的回忆。学会释怀，学会忘掉，也要学会开始新的生活。

闲暇的时候和姐妹一起逛街，找个异性朋友一起出来聊聊天、换换心情也不错,最重要的是,没有他,你可以找其他很多人陪着,甚至可以找更多的人陪着。这个世界,没有谁离不开谁,谁离了谁都一样过。

如果不得不还要经常见面,就表现得大方得体一些,过正常的日子。没有必要对他横眉冷对,也没有必要对他嗤之以鼻,正常地打招呼,正常地说笑,也正常地远离他的一切。

如果实在无法面对他,就离开吧,辞职也好、搬家也好、换号也好,选择的权利在于自己。

更没有必要去打听对方的消息,无论他找了一个什么样的新女友,都不要去介意,也不要去做任何评价。若有一天偶然遇见,淡然一笑泯恩仇,当对方是陌生人。结婚了,也不必给对方发请柬,他不会来,他来了也会很尴尬,无论是你们自己,还是共同的朋友。他发来请柬,你也不要去,也没有必要随礼金。或许很多年后,大家记起,会笑笑地说起曾经。但是那个时候,或许彼此的孩子已经到了谈婚论嫁的年龄了。

陈晓群和张乐乐是一对情侣,大学同班同学,他们在一起的时候,所有的人都觉得不般配,很不看好两个人在一起。但是时间久了,越来越多的人觉得他们很般配,再也没有那么般配的恋人了。

但是这么不配又这么配的人,大学毕业后就分手了。不是因为性格不合,不是因为家里人反对,也不是因为第三者,只是两个人似乎都心有灵犀地觉得似乎要分手了。

那天,张乐乐约陈晓群到酒吧,一杯酒下肚,便说:"我们去法国旅行吧?"

陈晓群回答说:"嗯,好的。你是不是还要说旅行完之后我们分手呢?"张乐乐点点头,表示同意。陈晓群心里很难过,她是不想分手的,只是她总有预感两个人要分手。

弗洛伊德说过,人的意识是一座冰山。水面以上的冰是意识,水面以下的冰是潜意识,自己的潜意识里似乎总是在等待分手这个结局,或许分手是最好的结局。两个人可以相处很好,可是张乐乐从来不跟她讨论结婚的话题,虽然大家都已经到了谈婚论嫁的年龄和时机。但是陈晓群不想问他原因，她不想听到让自己伤心的理由。

去法国的旅行很开心，回来之后，张乐乐自然地搬走了，因为他是男孩子，也因为这个家是陈晓群的家、父母提前送给她的嫁妆。她帮着他搬，心里满不是滋味，大家一直觉得他们不配，是因为觉得自己配不上他。或许他也是这么觉得的，所以这场感情里，是自己付出的多，生怕有一天他离开了自己。明明他在身边，却觉得下一刻就会失去。和自己在一起，他也背了很大的压力吧，有的时候他都不太想把自己带到同事的面前。

分就分了吧，陈晓群也不想过多地挽留，她帮着他整理东西，把他曾经送给自己的无论轻重的礼物都放在一个纸箱子里，包装好，放在其他的纸箱子中间。想想当初，两个人是学生，什么都舍不得买。现在有钱了，虽然什么都买得起了，感情却不复当初。那些两个人共同买的东西，她也一一送给了他，因为知道他以后还是会用得着，不必再花钱重新买。临分手，她还在为他着想。

过了几天，陈晓群收到一个快递，拆开来，正是那只放有礼物的纸箱子，里面放了一封信，大概是希望她能留下来当做纪念，她送他的东西他也会妥善保存的。

陈晓群没有给张乐乐发短信说是快递已经收到，因为她已经换掉了情侣手机及手机号码。她并不是狠心，她只是不想自己忍不住联系张乐乐。

不去联系他的日子很难熬，她几乎总是想去查一下他的号码。但是忍了又忍，终于挺过了这一关。直到后来姐姐又托人给她介绍了新的男朋友，他们很快就在一起了。

那天他们一起回家，看到楼下的张乐乐，她只是简单地点了一下头，便挽着新男友一脸笑意地走了过去。张乐乐想叫住她，可是张了张嘴，还是什么都没叫出来。

第二天，陈晓群收到了张乐乐的邮件，信里说，他非常后悔放走了这么好的女孩子，他知道以她的自尊不会挽留他也不会回头找他。他以为自己不会觉得受伤，但是却发现根本无法忘记她，犹豫了很长时间，才鼓起勇气来恳求，可是想不到已经晚了。但是如果她愿意，他还是会在原地等她。

陈晓群笑了笑，轻轻地点了删除。

她一直都没有回，她没有说"我们以后还是朋友"的话，因为她已经无法和他再做朋友，至少现在不能。如果有成为朋友的理由，为什么做不了爱人呢？男女之间的爱情与友情不会相差太远的。

但也不会是仇人，男女之间最亲密的关系就是恋爱，拥抱过、深吻过、温存过、山盟海誓过，怎么可以变爱为恨呢？最好的方式是转身就走，再不相见。即使再见也形如路人，无爱无恨，无牵无挂，只当从来不曾相识相恋。人与人之间最好的关系不是没有距离，而是保持距离。男女间最好的关系，不是相爱，而是相忘。

婚外情，对男人是调剂，对女人是劫难

有婚姻的地方就可能出现婚外情，特别是在如今越来越开放的社会大环境下。

在一个有 3000 人参与的研究调查中发现，1/4 的人不太满意目前的伴侣，1/5 的成年人相对于自己的配偶来更爱其他的人，1/6 的人总是会不停地爱上配偶之外的其他人。

这个调查表明，大部分人认为自己可以操控多个个人感情。22%的男人与15%的女人表明他们需要两个爱人。爱上其他的人，也就是传说中的婚外情，而婚外情的对象最有可能是他们的同事或是最亲密的朋友。

无论是男人还是女人，都有见异思迁、拈花惹草之本性。在围城里久了，开始厌倦细水长流的琐碎日子，有了新的生理需要、感情需要，想寻求寄托或宣

泄、追求新奇刺激。江湖上流传着这样一句话："婚外情是流行的一个谎。玩得起和玩不起的人，都不必当真。"只不过，在这场游戏里，女人永远玩不过男人，受伤最重的也是女人。

因为男人和女人想从婚外情中得到的东西是不一样的。在婚外情里，女人要的是情，男人要的是性。性是男人最原始的驱动力，男人对于未知的女性，总是抱着强烈的好奇心，即使要冒一定的风险，要打持久战，也乐于挑战。一旦得手，兴趣消失，便会慢慢抽回自己的情感、金钱、精力，不想再深入发展，懒得再周旋。

而在浪漫"性"福之中的女人，对男人多了迷恋和依赖，常常会迷失自我。未婚女人往往苛求一个结果，天真地考虑自己与他的将来，开始吃他妻子的醋，即使在重要的节日里，男人本应该和自己的老婆孩子共享天伦的时候，总想独自占有这个男人，变得性情古怪、吵闹、纠缠，不复以往的温柔可爱和懂事。已婚女人则身陷矛盾的深渊，深怀对丈夫孩子的愧疚又无法自拔，深深地折磨自己，变得抑郁寡欢。无论是哪种情绪都会影响男人，他们原本想逃的心会更坚定，并且逃得越来越远。

当婚内第三者的女人，大都向往浪漫、喜欢刺激，身体一出轨，心灵就跟着出轨了。对她们来说，婚外恋就是场革命，抛夫弃子换老公才是革命成功的标志。在这一点上男人似乎要理智得多，不到万不得已，他们会坚决捍卫自己的婚姻，他们有自己的婚外情规则："正宫"就是"正宫"，一旦"侧宫"得寸进尺，那么对不起，游戏结束。一场婚外情，对男人是调剂，对女人则是劫难。

婚外情亦如爱情，应该是一种很极致的东西，是种可遇而不可求的境界。婚外情虽亦是情，却是偷来的最无常的情，不要奢望会有恰到好处的状态。在"婚外情"的道路上，每前进一步，危机就多一点，轻松就少一点；痛苦就多一分，快乐就少一分。所以，在暧昧刚刚开始之时，赶快断绝来往。如果想继续快乐、简单地生活，就不要让潜伏在身边的婚外情醒过来。

婚外情对女人来说是身体革命。身体出了轨，心灵千万别跟着出去。女人的婚姻是粮食，虽然吃多了有点无味，但绝对顶饱；情人是巧克力，越吃越甜，但迟早会落个什么高血糖之类的富贵病。

如果婚外情不小心发生在了自己的身上，怎么办？首先你要知道，大部分女人事后想起来，对婚外情都是后悔的。

可当数年甚至数月之后，你为婚外情后悔的时候，也别傻傻地去和丈夫诉说，世上少有那么心胸宽阔的男人，他没准会效仿你以寻找平衡，没准大男子主义突然爆发，一纸离婚书无声无息地递到桌面上。

被背叛的固然受伤，而多数偷情者和第三者也不好过，因为他们不是真正的"脱俗"，不想专情又抗拒不了一夫一妻的甜头，想随心放纵又在意旁人的目光，结果到最后关头，关系纠缠不清，落得个烦恼无穷、冷暖自知的下场。婚外情，俗人都难驾驭得好。

婚外情像是一朵开在年轻生命里的罂粟花，会被其迷惑，甚至对之向往。在芳香淡去、诱惑褪尽的时候，即使再缠绵悱恻，也只能是在悄然中绽放、在黯然中凋零。或许结局各不相同，但总是一场悲剧，当事的双方都是殉葬品，没有胜利者，皆遍体鳞伤、代价沉重。但如果在实施婚外情前你不想结局，或者说不敢想、不愿想结局，那么你就得谨慎、谨慎、再谨慎。

第四章
会赚钱的女人想的和你不一样
理财商数（FQ）

如果问："一个人赚钱之后下一个动作是什么？"多数人会不假思索地回答："花钱！"其实，会如此回答的人通常是还没有赚到钱的人。事实上，大多白手起家的人赚了钱之后的下一个动作还是继续赚钱。

现代社会中，理财已经成为现代人必备的基本常识。如何能在四十不惑之后拥有财务独立是每一个人的基本责任。以我们现在的收入水平及赚钱机会来看，"40岁之后仍然贫穷"是自己造成的，

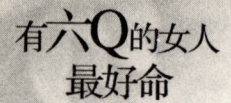

第一节
金钱可以给你带来地位和安全感

女人，只有经济独立才是真正的独立，经济独立能给女人带来自由、带来坚强、带来自信、带来尊严，能给女人换来真正意义上的平等。女人，靠青春、靠容貌、靠身体、靠他人只是一时，经济独立了，才能获得一世安宁。

面对金钱，女人要有正确的心态

这是一个由金钱主宰的社会，钱不是万能的，没有钱却万万不能。女人是享乐主义者，想有花园别墅、宝马香车，想要去大江南北走一走，想要去各个国家看一看，但是这些，都需要钱来支付，没有钱，一切的消费只能存在于幻想里。

有了金钱的支撑，女人们才可以完全按照自己的想法生活。用钱去请最好的化妆师、用顶级的化妆品、收藏钟爱的艺术品，以及支付瑜伽课和出国留学的费用。

钱除了满足物质上的享受以外，还能带来精神上的愉悦。一个成功女性说："因为拥有金钱，你获得了别人的认可，你能进入到一个精英阶层，周围接触的都是很优秀的人，他们乐于把你当做朋友和工作伙伴，这是一种高智商的交流，能够碰撞出智慧的火花。这种交往的过程充满了乐趣。"

钱可以提升女人的见识和品位，可以得到更多的经验和阅历；钱可以赢来安全感，不至于受制于人；用钱可以滋养兴趣、丰盈内心，让自己更为知性有涵养；用钱能节省时间和体力，获得更多方便。

面对金钱，要有一个现实的心态。即要爱惜钱又不要被钱俘虏。

方小燕是富养长大的。她的正常需求父母都会满足，如果有一天她的要求有一些过分，父母便会告诉她正常的原因。

她从小就明白，钱是用来服务于人的，要用到该用的地方，也要省在该省的地方。钱是赚来的，也是用来花的，要张弛有度。

她虽然并不富有，但是她的生活很体面，不是用金钱包装起来的，只是永远都在自己的消费水平内花费，不会舍不得，也不会过于铺张。

她的生活总是有条不紊，不会为钱所累，也没有为钱所困。结婚后，虽然只是平凡的小康之家，但却被她打理得井井有条。她也生了一个女儿，现在条件好了，不比以往，她有足够的实力来支付女儿的成长费用，但是她也会用父母培养自己的方式来培养女儿。希望女儿能健康快乐地成长，懂钱，会用钱，会赚钱。

树立正确的金钱观，是女人提高财商、改变人生、保障命运的第一步。拥有金钱是女人的资本之一，不要掩饰对金钱的喜爱和追求。对富裕生活的向往是人性的自然反映，每个人都有权利去获得财富。正视自己对财富的需要，确立一个金钱目标，有助于你积聚财富。树立正确的金钱观念，才会有正确的理财或是赚钱方式，而不是剑走偏锋走极端。只有女人自己才是金钱的主宰，而能主宰金钱的女人才会更幸福、更好命。

明确人生方向的女性有财气

每个人都有自己的梦想和目标，只是有的时候会迷惘。每个人都有理想，只是有的时候觉得很遥远。每个人都有自己的人生规划，只不过坚持实现下去的人并不多。而实际上，做好自己、明确人生方向的女人更容易接近成功。因为有了明确的人生方向，未来的努力就不会无的放矢，而是有一个清晰的路线去走。

明确人生方向，首先要了解自己，清晰定位。

了解自己的性格、了解自己的所长、了解自己适合什么。了解了自己，才能有一个清晰的定位。

舞台上，生旦净末丑各种角色，由事先编排的程式演绎着一段段精彩的故事，让人赏心悦目。不难想象，只要其中一个角色在一个环节发生错位，整台戏就会大逊其色。找准角色定位是剧情有条不紊发展的关键。

而我们的人生也是一个舞台，自己要扮演好适合自己的角色，才能适应这个舞台，才能让自己的生活出彩。如果我们不能把握自己的角色定位，不能在舞台的变化当中及时准确地转换角色及定位，就会在生活的舞台上迷失方向，演砸自己的人生"大戏"，而自己也会承受诸多痛苦。看清自己的角色，明白角色的规则，也就把握了自己的人生。

目标定小，但不要定多

明确人生方向其实并不难，做好现在的自己，有一个短期的目标去努力奋斗就够了。给自己制定一个小小的目标，制定这个目标并不需要太多的精力和时间，但是完成后带来的成就感，会给你更大的自信去继续下面的旅程。人的一生由一系列小目标组成，实现了一个，就继续制定、完成下一个目标，人生的价值也得以慢慢体现。

目标同时不要定太多，因为时间精力是有限的，很多时候目标在时间、空间与经历中是交错的，一件一件地完成。同时完成几个目标的话，如同要你同时看到左边与右边很难做到，最后导致两边都没看清楚、都没有做好，比较受打击，最后，自己会感到乏味，会感到有心无力。

想到就做，马上做

常萍和曹婷是一对好朋友，两个人总是讨论要一起去学些什么，学吉他、学日语、学PS，常萍是学什么就会马上付诸行动，但是曹婷总是挂在嘴上，什么也不做。到最后常萍的水平日渐进步，曹婷却只是一时热情只维持在原点。看着好友的进步，曹婷也会感慨，我们当初是一起学习的，现在简直是天壤之别，如果当初我能坚持下去该多好。她感慨的时候，常萍已经是一家跨国公司的高级美编了。

在失败面前坚定信念

明确了方向，就一定要坚定地走下去。有些遇到挫折的人往往自怨自艾，其实很多人遇到的失败与挫折都是自身引起的。自己的意志、惰性、品格，等等，都可能是我们失败的主观因素。失败的原因纵然有主客观相结合导致的，可自身的原因才是最大的。遇到失败，不要回避自我原因，常省自身之过、坦然面对、汲取教训、总结提高。不断完善自我，为自己不在同一个地方跌倒而努力。

有时，挫折也是一种激励，为我们朝着目标继续前行提供动力。人虽无过，改变了、提高了就是一种成功、一种升华。让时间冲蚀记忆里的伤痕，让成功证实自我价值。

勤奋不懈怠

"业精于勤荒于嬉"，司马迁写《史记》花了15年，司马光写《资治通鉴》花了19年，李时珍写《本草纲目》花了27年，马克思写《资本论》花了40年，牛顿在剑桥大学里30年，每天坚持工作十六七个小时，这些是常人难以想象的。

现实生活中，人往往都有懒惰的心理，因为这种惰性心理，常常会导致我们对工作应付了事，而是把自己更多的时间和精力放在工作之余的其他事上。当看到别人的成就时，还常抱怨自己没有好的机遇、生不逢时，但实际上是因为自己的努力不够，没有付出相应的汗水和心血。

在勤奋工作的同时，我们可以收获很多，比如对工作的熟练掌握、对自己技能的提升，等等，当然最好的可能，莫过于因为我们勤奋工作，取得一定的成就，获得别人的认可，看到自己的价值一步步实现。

明确人生方向，并为这份明确的方向付出相应的汗水和辛劳，才能赢得事业上的成功，在事业上成功的人，财气也因此而来。

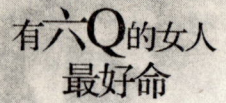

经济独立确立你在家庭中的地位

经济是基础，有了经济独立，才会有其他的人格独立、情感独立和思想独立。没有经济独立，其他都显得荒谬，纯属空谈。

恋爱时，经济独立，自己负担自己，不向男人伸手，才会不必对男人低眉顺眼、唯其马首是瞻。

结婚后，经济独立，才能确立自己在家庭中的地位。可以不掌握经济大权，但是一定要有自己的经济来源。把身家性命全依赖于男人身上的寄生生活，扼杀了女人自身的能力、作用，不仅对自己对家庭不利，对社会也是一个损失。

经济独立的女人，可以过得很潇洒从容。想买什么就买什么，买得起就买，买不起就不买，不必看男人的脸色，不必在家里受委屈。

乐文文是在怀孕的时候辞的职，她并不是想辞职，但是老公一家好说歹说，保证会给她一个好的照顾，让她安心在家里照顾孩子，其他的事情一概不要参与进来就好。

当时的工作也让她心力交瘁，她也就答应了。第一胎生的是女儿，婆婆虽然没有表现出明显的不悦，但是并没有像承诺的那样好好照顾她。虽然在坐月子，不能沾凉水，但是她却不得不做一些洗衣做饭的事情，因为婆婆并不是全身心地照顾她。她的奶水不足，婆婆也没有给她做任何相应的催奶的食物。倒是自己的老妈看不过去了，派乐文文的弟弟将她接到娘家住。而且直到坐满了月子，婆婆才开口说要把她接回去。为了孩子，她忍过去了。

乐文文很生气，自己现在的情形，离不开孩子，又没有工作，只能靠自己以前的积蓄来生活，每次问老公要钱，他也只是象征性地给一些，根本就不够。

可是这只是一个开始，乐文文发现自己和老公的距离越来越远，她和社会几乎脱轨了，老公和朋友讨论问题时，她开始插不进话，她熟悉的只有孩子和柴米油盐。

她是受过教育的人，她的心里越来越恐慌，这不是她想要的生活。虽然生的是女儿，但错不在她。即便自己生的是儿子，也难逃丈夫对自己失去兴趣的命运。

千思万想后，她还是将孩子交给自己的妈妈照顾，爸爸和妈妈正好退休在家，一方面给他们找点事做，一方面自己也放心。她要重新找工作了。

结过婚生完孩子的人，工作似乎并不是多么难找，比她想象中的容易许多。她很快找到了一个网站编辑的工作，试用期薪水不是很高，但是每个月有属于自己支配的钱，感觉真好。

丈夫对她的决定很不理解，说家里少你吃了、少你穿了？孩子还不到1岁，你就这么扔给别人，而且还不跟他商量。

乐文文说："孩子不是扔给别人，是扔给我妈妈了。如果你觉得不放心，可以让你妈妈来照顾。不是我狠心，在这快一年的时间里，你给过我多少钱？最基本的生活费也是算着给，我从来没有给自己添过新衣服，也没有给自己买过首饰。曾经你们说的，要给我足够的保障的话，但似乎是很遥远的事情。我现在这么做，是为了孩子，也是为了我自己。我不能没有工作，再这样下去，我整个人就废掉了，我们都是聪明人，干嘛要把话讲得那么明白？"

丈夫无言以对。

在重新有工作的日子里，乐文文明显开心许多，人也开始有生气，变得有笑脸。丈夫和婆婆对她指手画脚，她都可以理直气壮地回应，而不是一言不发地任其指责。最重要的是，花钱的时候，再也不用从别人钱包里拿钱了。没有了经济上的压迫感的生活，让她有一种重见天日的感觉。

她也对工作很认真，因为她是同部门员工里年纪最大的，必须努力去填补自己的不足，而且她的努力也换来了认可，她的绩效工资永远都是最高的，错误率也是最低的。不断地升职加薪，到最后，她的工资已经很可观了。

她的婚姻还在继续，大家都隐隐约约地感觉到她底气越来越足，这个很势利的家庭，也开始对她嘘寒问暖，开始看她的脸色行事。当然，她并不需要家里人对自己这样子，只是很庆幸当初自己终于决定出来工作。

她也明白，两个人的关系中，如果想要保全自己，就一定要经济独立。这个年头，不仅女人选择老公会看对方的经济条件，男方选择女人也一样，他们的心理也很微妙，他们通常将缺乏能力没有谋生能力的女人视为债务，认为是累赘。而将独立的女人视为资产，倒愿意心甘情愿地去养活。

而且，在中国的国情里，普通的城市家庭里，单凭一个人养家糊口似乎很难，需要两个人一起努力。从另一层面来讲，女人外出工作，是不得不的选择。女人实现经济独立，最基本的办法就是工作，可以没有赚大钱的能力，却必须要有赚钱的能力。这不仅仅是为了确立在家庭中的地位，更是为了自己。

充实的钱袋可以使你按照自己的意愿生活

按自己的意愿生活，听起来是一件很美的事情，想吃什么吃什么，想喝什么喝什么，想做什么做什么，想去哪里去哪里。当然，这需要有坚实的钱袋打底。每个人都想按照自己的意愿生活，但不是每个人都有坚实的钱袋。但怎样拥有一个坚实的钱袋呢？

首先，打好基础

女人，如果想有一个大的舞台，就把自己的经济基础做实做强。在一定基础之上，再开拓自己的事业，创立属于自己的王国，而最终掌控左右事业的能力。

此类的女人不胜枚举，鲁豫、杨澜、徐静蕾、李湘、李静等，都是在自己的事业成功之后，又重新开辟了新的发展空间。那个空间是独属自己的舞台，个性和思想能得以最大程度的发挥。切忌想一口吃成胖子，慢慢来。

最好在打基础的时候，心里已经清楚以后的发展方向，以致在时机成熟的时候可以直接走马上任，清楚每一个环节怎么运作，每一个阶段的主要工作，而不是从头开始摸索。自己做事业和为别人打工不同，盈亏自负，无论事业如何运行，都要有足够的心理承受能力。

打好基础不仅是要打好经济基础，攒够一定的投资基金，还要下意识地累积适当的人脉资源。人脉即财富，无论是提供资金来源的人脉还是将来事业上的合作伙伴，都是基础的一部分。

同时，打好基础还包括物色合适的员工人选，以及适当的学习管理才能，因为自己经营一份事业不是单打独斗，而是要综合大家之力来共同做事，这就需要有管理才能。如果没有，则要学会将公司交给有管理能力的人帮着打理，自己只负责擅长的部分即可。

其次，学会借他人之力

要想将钱袋充实，还要懂得利用他人的力量，并善于利用他人的力量。打好经济基础只不过是起飞的第一步。

学会借他人之力并不是坏事，很多人都是靠借来的钱挖到了人生的第一桶金。别人有能力帮助自己，而且还愿意帮助自己，为何不接受呢？可以少奋斗很久，可以及早地投入自己的理想事业，何乐而不为呢？

梅琳达·盖茨生于德州一个中产家庭，她是比尔·盖茨的妻子，1987年，在杜克大学取得工商管理学位后加入微软，不久邂逅盖茨。两个都是工作狂，办公室是他们最好的约会地点。1994年结婚后，她为了家庭放弃事业，退身幕后照顾3个孩子的成长。儿女长大成人之后，她又重返工作，但不是名震天下的微软公司，而是致力于她和盖茨成立的慈善基金会。慈善基金会是她的新事业，但这个事业的起点借助的是老公的力量，这并不妨碍她事业的发展。

赵小曼是一个女强人，但是由于经营不善，事业面临极大的困难，资金无法周转，无法贷款，朋友们也不愿意借钱给她，怕成坏账，因为她的公司的确有破产的可能。

这个时候，她的老公拿出一直积攒的 30 万，想助她一臂之力。她老公说，为什么明明我可以帮你，你却要借其他人的钱，用我的不就可以吗？但是赵小曼执意不肯，她说，你的钱我不能动，如果我翻不了身，把你拖累了，你们全家人都不会放过我，他们本来就不喜欢我，更不喜欢我折腾。

她执意不肯拿老公的钱，而是最后从弟弟那里拿了 50 万，不过要还一定的利息。最后，她终于东山再起，回了本，也还了弟弟的钱。

这个时候，她的老公却提出了离婚。因为既然她不肯接受自己的帮助，自己也不愿意享受她所打下来的江山。

第三，勤俭持家

古人云："俭，德之共也；侈，恶之大也。"如果没有节俭的美德，兴攀比之风，势必理家家穷、掌财财空。

曾国藩一生都在服膺十六字箴言："家俭则兴，人勤则健，能勤能俭，永不贫贱！"他对儿女的要求万变不离"勤俭"二字，他教育子女和治家，在"勤""俭"二字上下的功夫最深。曾国藩曾对女儿曾纪芬说："吾辈欲为先人留遗泽，为后人惜余福，除勤俭二字，别无他法。"

作为一个当家的女人，首先就是要理好家，那么自己就要做一个真正会理家的女人，在生活中要注意什么钱不该花、什么钱该花。有计划、有规划地安排家庭生活，懂得节约储蓄，在保证生活质量的前提下能够节省开支。这样做的好处是钱袋会逐渐充盈起来，家庭也会逐渐富裕起来。

第四，学会理财

女人理财，要三分保守，七分积极，在保守的基础上，更需要有一些积极的冒险精神。

所谓三分保守，保在存款保险和保值实物。存款不易过多，一般要占家庭资产比例的 10%。其中必备的是 4~6 个月的生活费，以备急用。保险是必不可少的投资，只为买一个安心，是应对家庭危难的"防火墙"。保值实物比如黄金、钻戒、手表等，尤其是黄金，是家庭理财的"稳定器"，适量的实物黄金资产是有效降低资产组合风险、提高资产组合稳定性的有效工具,以 10%的个人或家庭资产购买黄金较为合适。

七分积极,指的是基金、股票、收藏品等投资高、有风险的项目。拿出 10%的资产投资到合适的基金,坚持 15 年,将收获颇丰。买股票一定不要伤筋动骨到家里的正常开销,要有一个轻松的心态,赔了就赔了,能承担得起。收藏是乐趣,但会遇到诸多赝品,需要在专家指导下进行。在中国现有的大形势下,投资物业是稳赚不赔的理财方式,还可以出租,每月赚取不菲的租金,"以租养贷"。

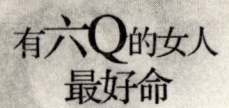

第二节
打好"家财"保卫战

一些女性以"没有数字观念"、"天生不善管钱"逃避理财,这都是对自己不负责任的态度。你到现在还没有理财的计划和行动,并不是因为客观条件不具备,归根结底还是自己认识的问题。

学习理财不是教你发横财的方法,也不仅仅是教你"以钱生钱",有正确理财观念的人,比别人更会储蓄、更会合理地消费。理财的最高境界是"财务自由",为了将来源源不断的持续性收入,无论你现在投入多少时间与精力都是值得的。

从持家开始,锻炼理财的功力

即使再没有金钱概念的女人在结婚之后,也要面临持家的境况,因为每个家都离不开一个会持家的好女人,照顾老公、料理家务、洗衣做饭、计算收支。

持家也只是一个开始,要由此锻炼理财的功力,持家持好了,老公自然会安心地将家里的财政大权交给你掌控。如果你持家持得一团糟,整个家庭的日子也会过得一团糟。

女人持家,不仅是要保证整个家庭生活的舒适,还要让家庭的财政不会出现赤字等危险状况,这就需要女人在持家的时候多加注意,有序、有理、有节。

1. 列预算

每月发薪水后，进行必要的支出费用预算，作为当月开销的准绳。

该花的地方一定要花，为了生活方便，家里的基础设施一定要有，即使是大件，也不要因为舍不得而俭省，省钱不是省在这些地方，否则会影响生活品位。

预算包括要买的东西、为什么要买、买来的用处是什么、买的价格底线是多少，即使与价格底线不符，也不要超过太多。

预算要适度，不能太紧，也不能太过，过犹不及。

2. 不贪便宜

不要因为贪小利或便宜，去买自己或家中暂时不需要的东西，即那些买了也不会带来太大的快乐、不买也不会给生活带来不便的商品。再便宜的东西，也是要付费的。最后只是落得贪小便宜吃大亏，要相信，商场超市永远都有一部分东西是便宜的，为了吸引顾客，便宜的东西永远都有，在自己不需要的时候存在着，在自己需要的时候也一样存在着。

3. 不充阔佬

不要打肿脸充胖子，衣兜中不要带过多的钱，够紧急的开支即可，以控制自己乱花钱。在自己消费能力之外的东西，暂时不要买，在经济条件允许之后再去买也不迟，日子要细水长流地过。

聪明的女人不会轻易被时尚的衣服、首饰诱惑，因为她们明白，所有的这些都是表面的奢华，不是生活的主要内容，在持家女人的观念中，实用才是最高标准。

4. 少用信用卡

由于持有信用卡，能够使持有者至少比用现金购物时增加10%的购买欲，所以在不想买东西时不要带信用卡出门。而且随身不要带银行卡，除非是要买大件物品，以免现金不够的时候用卡来支付，刷卡的时候就会有一些无节制。

5. 设置储币罐

每天回到家中，先把钱包和口袋中的所有零钱掏出，投入储币罐，积少成多，会慢慢地越来越多。不仅仅是为了存钱，家里需要零钱的时候也随时都有，而不会为了破钱不得不去买另外的东西，徒增浪费。

6. 购物要有计划

将需要买的东西列出一张表来，然后依单购物。要明确哪些是必须买的，哪些是遇到价钱合适、质量合适的时候再买的，哪些是去考察行情的。有了这样的购物计划单，家里应有的东西一定会买齐，而不会因为缺失造成不便。

7. 未雨绸缪

别忘记了储存作为未雨绸缪之用。家里有孩子老人的，更一定要做好足够的储备，比如孩子的教育资金、老人的住院医疗费用等。

8. 谨慎借贷

除非不得已，不要轻易借钱贷款，最好无外债。借朋友亲人的钱，会欠下人情，弄不好还会伤感情。借银行的钱，还会付一定的利息，这都会给自己带来负担。如果不是生意上的需要，平时生活，最好量入为出、不借贷的好。

9. "用钱生钱"

居家过日子，时时需要算计，但也不必过于死板、机械。该投资的时候投资，该冒险的时候冒险。当然，投资的钱一定是自己负担得起的，是不足以使自己冒风险的程度，即使赔本，也不至于对生活有过大的伤害。

10. 持家要省

钱是省出来的。"省"的功夫体现在方方面面，省水、省电、省纸、省材料。

省水很简单，懂得循环利用，洗完衣服的水，刚好可以用来冲厕所，洗菜水可以留着最后洗碗或做浇花之用。冷却的水可以与热水混合之后再喝，而不是倒掉。

省电只需要举手之劳。在看得见的时候不要开灯，灯在不用时要及时关上，但是厕所灯最好留着，因为用得比较频繁，开开关关更浪费。睡前将电源关掉，因为待机的状态也是耗电的。

省纸。一张纸抽出来，用掉半张，折好，留下半张下一次用。这样可以省一半的纸，也可以让自己大大咧咧的心变细、变巧，可谓一举两得。

省材料。没吃完的剩饭剩菜，可以搭配着新菜一起吃，或是当其他饭菜的佐料。牙膏、洗面奶、洗发水以及化妆品都要用掉最后一滴再丢掉。不流行的衣服可以在家里当居家服，尤其是那些简单随意又舒适的。一些质感比较好的，还可以留下来当抹布，又吸水，又大块，拿在手里还特别顺手。

工薪家庭，要想用自己有限的资金把小日子过得有滋有味，就必须对自己的开支精打细算，做到巧妙节省，要用最少的钱办好每一件事，真正把有限的钱用在刀刃上。能团购的时候就团购，团购的时候量多价低，慢慢也能省出一笔可观的数字来。

11. 持家要巧

巧，主要是心巧、手巧。

心巧。你要学会将普通的盛花生油的塑料瓶截取上面收口的部分，用作厨房里的垃圾桶。将吃过的巧克力盒子，用作餐桌上的垃圾盒。将泡过的茶晾干，用布袋盛起来，用作鞋子的除味袋……简单地讲，心巧不巧是看你是否懂得废物利用。

手巧。会不会烧一手简单易做、色香味俱全的饭。一家老小，不可能每天都买着吃，最基本的还是靠做。会不会将平常的家布置得干净整洁，让人觉得舒服。

俗话说："吃不穷，用不穷，人无打算一世穷。"女人持家，就是对这个家打算。做一个有"打算"、有"心计"的女人，在持家方面表现出自己的缜密心思，勤俭持家，做好理财，只有这样才能让你不用为生活发愁，享受美好生活。

12. 记账

记账是一件非常有意义的事情！要建立详细的记账目录，分门别类地记录每一笔花销，不要只记个大概就可以了。记账的目的不仅仅是要记录总共花销了多少钱，更要从日常的花销中找出不合理的消费倾向，并直观地看出各个时期、各类消费在总额中占的比例，并及时加以改进。

现在最时髦的行为是在网上记账，在百度中输入"记账"，就能找到很多记账的网站，或者下载很多方便好用的记账软件，每天只需要 10 分钟，得到的绝对超过你的想象。

不同的家庭模式，不同的理财方式

我们都懂得对症下药、量体裁衣的道理，进账也一样，不同的家庭模式要有不同的理财方式。因为每一个家庭拥有的成员不同，所针对的开销不一样，收入结构、人物个性以及家庭模式也不一样，所以，每个家庭的理财方式也不一样。理财是一种生活方式，但不管采取怎样的模式，增进家庭和睦，给家庭生活带来快乐是最重要的。

如果设计的理财方式不够合理，消费观念也不够正确，缺乏计划或是计划不当，便很有可能支付过高的消费成本，以致出现财务危机。最重要的是要了解自己家庭本身的收入消费状态，再依此来选择适合自己家庭的理财方案。

保守安全型。这样的家庭先天底子薄，多半收入不高，或是只靠一个人的收入来养家，消费模式是收支平衡，或是支大于收。所以，所谓的积蓄也来之不易，要最先保证资金安全。要以满足生活的基本需要为主，计划外的消费要谨慎投入。最好选择市场风险低、流动性强的投资工具，不过收益也会相对低一些，比如存款、债券、保险投资等。而且，这些投资也都是必要的，尤其对于风险承受能力低的家庭来讲，买保险就等于规避了风险。

稳健上升型。这种家庭多是那些年轻的家庭，负担一般较轻，夫妻双方都有工作，或是其中一方更处于高薪行列，父母尚年轻，不需要养老，孩子还未出世，不需要养小。这样的家庭，无论是投资还是消费都有很大的空间，在基本的银行储蓄的基础上，选择正确的投资，可以使家庭财富迅速增值。但是这样的家庭一定不要釜底抽薪，不要因为错误的投资而破坏家庭本来的节奏，要拿出自己能承受的钱来。

积极进取型。城市白领、中产阶级家庭以及企业经理阶层皆属此类。已经有一部分钱，但是却不满足，有更高层次的追求。这样的家庭选择理财和产品也是以债券、汇市、基金等投资性金融产品为主。

冒险理财型。此种家庭不一定有丰厚的资金，但是财务目标却很大，可能是一些时运不济的投机者，也可能是那些正处于创业期希望一夜暴富的人。这样子的家庭，需要根据自己的条件放慢节奏。冒险理财可以给自己带来逆转，但是如果投资错误，情况会更糟，而且会因此翻不了身。

无论是哪一种类型的家庭模式，都要根据具体的情况具体分析来进行投资理财，一定要选择适合自己家庭的方式，根据家庭风险承担能力、家庭成员的人生偏好以及不同阶段的家庭需求，确定家庭理财目标，制定合理的家庭投资理财方案。

上面四种类型是根据整体家庭规划，如果具体到夫妻个人，则更为细节。

1. 一人全权支配型

薪水交由一个人（妻或夫），由她（他）全权支配所有家用，这种方式适合互信基础够强的夫妻。而拿到财政大权的配偶，不仅要有理财能力，更不能因为私心将财产全挂在自己名下。这种方式的好处在于不论收入高低，两人一律平等，收入较低的一方不会因此而减低了他或她的可支配收入，抹平了收入的落差；缺点是从另一方面来讲，这种方法容易使夫妻因支出的意见不一造成分歧或争论。

2. 高薪者提供大部分家用

夫妻双方按收入比率提供生活必须费用。如夫之收入占家庭收入的60%，则提供其收入的6成，剩余部分则自由分配。而家用不够的部分，由太太从自己的薪水里贴补。这种方式比较适合日常开销稳定的家庭，它的优点是夫妻基于个人的收入能力来分担家用,但随着收入或支出的增加,如果太太需要贴补的缺口经常很大,而只给固定家用的先生却有很多余钱来"善待自己",诸如只为个人添够奢侈品的话,太太可能会不满。

3. 高薪者负责所有家用

高薪的先生负责支付所有家用,太太赚的薪水可以完全用在自己身上,适用在所得相差很悬殊的家庭。这样的家庭,收入没有汇集在一起,两人的收入仍然是分散处理的,不易形成合力,如果开销庞大,又没有预先做好保障规划,家庭财务其实潜藏很大的风险。

4. 设立公共家用账户

由夫妻成立共同账户来支付共同开销,夫妻双方从自己收入中提出等额的钱存入联合账户,以支付日常的生活支出及各项费用。但是这种原则会起争执,都出了同样的生活花销,但家务由谁来做?而且,如果其中一位想给书房换一台电脑,但是丈夫却认为那是没有必要的,即使买来,也是为了太太个人使用,而反对共同账户支出,等等。在过于平等的财政支出下,问题也最频繁。

5. 各自负担特定家用

由夫妻各自负责特定开销,譬如先生还房贷,太太负责一般家用。如果夫妻所得相近,各自负责开销的金额也相差不大,就能相安无事;但是若某一方支出的金额浮动很大,或是一方负担的金额持续下降、另一方负担始终居高不下的话,夫妻间仍然会时起冲突。

6. 各自负责理财目标

比如由太太负责平日开销,先生的薪水专做退休金准备,也就是一位负责达成短中期理财目标,一位负责长期理财目标,夫妻协力,专款专用,这种方式可让家用争执降到最低,但是双方都要有一定的理财能力,才不至于两头落空。但是这种方式也要在双方关系稳定的基础上,而且彼此的支出整体不要相距甚远。

家庭理财,首先要了解家庭财务现状。最好通过记账掌握家庭里有哪些资产、哪些债务，每月固定收入和日常支出各是多少、有哪些投资、投资收益情况和投资比例各是多少、有哪些保险，如果家庭收入较高的成员失业该如何继续维持家庭生活质量。

同时，家庭理财还要发挥家庭成员的优势，各施其长，主配角相得益彰，但是也要认真讨论，共同制订理财计划，通过组合投资方式进行多样化投资，既可各取所需，也能有效分散家庭的财务风险。

保险，买保障的同时也买个安心

中国女人爱家是出了名的，却往往忽略了最易受伤、最应该保护的自己。女人在家庭中的角色不亚于男人，无论是收入还是作用，要担任女儿、妻子、母亲等多重角色，忙碌的生活、紧张的工作、竞争的压力，使女性不断地从自己的"健康和情感银行"里提前支取美好的未来。任何时段所产生的疾病、意外伤害等都有可能对一个或者多个家庭造成影响，所以，现代女性需要用保险来为自己和家庭构筑一个有保障的外围空间，保障自己也保障了全家。保险，对于女人来讲，是必选品。

因为保险能带给女人放心的依赖，是一位从来不会背叛的情人，在人生的风风雨雨中总是静静地、始终忠诚地陪着。

女人的平均寿命高于男性，中国保监会发布的寿险新生命表显示，女性平均寿命比男性高 4.1 岁。女人最大的不幸也是长寿，女人平均都要有当 4~10 年寡妇的准备。当男人自然离开你的时候，只有保险将成为男人的续影和最好的朋友，一直陪你终生。从另外一个角度来讲，女人的风险期也更长，女性的投保支出相应地高于男性。

保险还是提高女性身份的资本。有了保险的女人总比没有保险的女人尊贵，

有六Q的女人最好命

一旦因意外改变生活的时候，保险带来的是身份和尊严，不需要依赖别人。拥有保险的女人更是女性能力和地位提升的体现，能给自己带来更多的选择和主动。

女人买保险，还能间接地给自己带来美丽。女人天生对未来充满焦虑和不安，对于风险的认知远远高于男性，尤其是随着年龄的增长，女性可能会面临一系列的问题，如青春流逝、中年危机、更年期以及子女叛逆期等，这些都会加剧她们的不安和忧虑。保险可以从财务的角度给予女性一些保障，更重要的是，从心理学角度看，它还可以给予女性一种心灵上的抚慰。因为保险带来的是安心和无忧、充足的睡眠和愉悦的心情，更能让女人保持青春、年轻、健康。

而女人，怎么为自己投保呢？

除了最基本的常规养老险、医疗险以外，因为特殊的生理状况和特殊的角色定位，还有为女人量身订做的保险产品，主要有三大类：

一是能针对女性的特殊时期，如生育期间的保障费用进行赔付。社保和普通医疗保险责任中一般都不包括因妊娠、流产、分娩、不孕症、节育、绝育手术、不孕不育治疗、人工授精、产前产后检查以及由以上原因引起的并发症。在怀孕之前或期间为自己购买一份合适的商业母婴保险，是一个明智的选择。

其次，女性健康险都会针对女性生理特征特别设立相关的保险，专门为女性的乳腺癌、卵巢癌、宫颈癌等疾病提供医疗保障。

据统计，1990年至2002年，在世界范围内，乳腺癌的发病率和死亡率均增长了22%，在各种癌症发病率中排第二，占癌症患者的20%~30%，而且，40岁~49岁正是发病高峰。宫颈癌发病率在女性肿瘤中排第二位，全世界每年有20万名妇女死于宫颈癌，我国每年新增发该病人数超过13万。

这些数字告诉我们，女性疾病已经成为现代都市女性的一大困扰，许多重大妇科疾病已呈现出发病率提高、发病时间提前的趋势。但是，普通重疾险中不包含的女性特定部位的保险。所以，有必要为自己买一些特定的医疗保险，已经有了社会医疗保险的女性，可以投保价格较低的单纯保障女性特定疾病的健康险和定期住院医疗险，或者在购买其他保险产品的时候选择附加健康险产品。

另外，考虑到女性的爱美需求，一些女性险还能在女性因遭受意外事故而需接受整形手术治疗时，对手术医疗费用进行赔偿。

一般来讲，购买保险的合理费用应是个人收入的20%左右，要充分考虑自己的经济状况，不同收入的女性可以选择不同类型的健康产品。经济状况一般的女性可以只购买一些意外险作为基本保障，或投保价格较低的女性健康保险；经济状况较好的女性可以选择具有分红理财功能的保险品种，以达到意外、疾病、养老和理财等的综合保障目的。

对于不同年龄的女人来讲，保障的侧重点也有所不同。

当女人处于小女孩阶段的时候，正是在为自己的人生储蓄的阶段，应注重关心自身的健康成长和未来的教育，其相应的保险品种是分红型教育保险和万能保险以确保教育基金，以及一些重大疾病和健康医疗保险来补充学生平安险的不足。

而对于年轻的职业白领而言，应关心身体健康以及未来的生活品质问题，相对应的保险品种有：妇科疾病保险、普通重大疾病保险、定期寿险（返还型）、养老保险。这个时期的女人，要养成一个强制储蓄的习惯，应该从投保寿险开始，自己每月投入少量保费，在主险之上附加一些带有分红性质的投资型保险。

对于事业心很强的女人来讲，更应关心身体健康和生育健康以及老年的退休养老生活，选择相应的保险品种。

年纪较大的女性需要关注自己的老年养老生活，同时还需要对于积累的财富进行安排和分配，一方面有利于晚年的幸福生活，另外一方面可以更多地照顾好晚辈的生活，所对应的保险品种有健康保险、终身保险（遗产规划之用）、万能保险（老年时期定期定额的生活开销之用）。

最后，还要注意不是保费越贵的保险产品就越好，要看产品保障的范围和保障的额度是否适合自己。

保险不是买得越多越划算，本来就有医保的人，又买有商业保险，以为生病就可以得到两份的回报,实则不然,医保和商业保险是不可以重复计算的,因为健康保险的目的并不是获利。

不要觉得不想要保险就退保好了,反正能退回原来交的保费。而实际上,退保时需要扣掉很多费用,而不是缴纳的所有保费都可以退回。总之,退保会相应地收回一些成本,但还是会损失一部分。在买一种保险前一定考虑清楚要不要买。

不要听信推销员所讲的,投资分红型保险比储蓄获利要多。但分红型保险的收益具有不确定性,投资不灵活,变现能力较差,还要支付一定费用。不要被推销员讲得天花乱坠所吸引而冲动地取出全家保本的储蓄钱。

有赚钱的本事,也要有花钱的水准

会赚钱是本事,会花钱是学问。会赚钱又会花钱的人,能"玩转"钱。不会赚钱也不会花钱的人,只能被钱"转"。只有能将钱"玩转"在手掌中的人,才能充分享受金钱带来的幸福,才能做金钱的主人,而不是奴隶。

金融大鳄索罗斯说过:赚钱,一个乞丐就可以做到;花钱,十个哲学家都难以做好。不会花钱的人是"守财奴",只会花钱的人是"败家子"。

赚钱是最基本的生活本领,与花钱相比,技术含量要高一些。赚钱无疑很重要,但花钱同样重要,只会赚钱而不会花钱只能成为一个赚钱的机器,只有既会赚钱,又会花钱,才能真正做好家庭理财。

因为这里的"花钱"并不单纯指的是将钱花出去,而是指合理有机地分配自己有限的资金,将每一分钱都花到实处,不仅可以通过花钱给自己带来物质上的需求,还能带来精神上的愉悦。不能把钱单纯看成消费的工具,而忽视了它是血汗的结晶,否定了它暗含的情感价值。花钱还指的是可以使钱生钱,在兼顾道德标准与法律准则的基础上，为自己带来正当的收益。

女人很擅长消费，但是并不是很擅长花钱。女人消费一般都消费在吃、穿、用上。

女人很注重自己和家人日常饮食的营养均衡和饮食搭配。不论是在家就餐，还是在外吃工作餐，都更讲品位。城市女性野餐和会餐的机会增多，在这方面的消费日趋增加。

女人经常路过挂满漂亮衣服的橱窗时，也会下意识地摸摸银行卡，即使不买也要试几次。即使在一时冲动买了之后，也只是简单地穿几次便束之高阁，因为有了新的替代品的出现。

女人买东西注重感觉，痴迷于花钱购买一些根本用不上的漂亮东西，在拥有它的瞬间，感受到"唯物"主义者的快乐。至于实用性、使用价值、性价比之类的，根本不去在乎。

所以，女人在花钱的时候，一定要适度地控制一下自己的冲动，在掏钱包之前想一想，这种商品有没有其他的替代品？是不是相关种类的物品已经过剩？

作为女人，还有一个通病，心情一不好，就会乱花钱，花钱的刺激感能缓解心里面的痛苦。实际上，花钱缓解的痛苦只是一时的，如果不解决根本问题，等冷静下来还是一样会痛苦。所以，当自己心情变坏的时候，要学会调节，去寻找治根治本的方法，而不是花钱买刺激，把卡刷爆了事后还会后悔。

女人还很注重自己的脸，调查显示，月收入在 1000~1500 元的被调查女性中，有 13% 的女性平均每月用于化妆、美容等的费用在 1000 元以下，65% 的女性平均每月用于化妆、美容的费用为 100~200 元，13% 的女性平均每月用于化妆、美容的费用为 201~300 元，9% 的女性平均每月用于化妆、美容的费用为 300 元以上。女人为了美是会不顾一切的。

女人的消费还多用于购房子上。49% 的未婚女性希望在条件准许的情况下，有一个属于自己的生活空间。她们认为同父母分开住是锻炼个人能力和进一步在经济上独立的必要条件。63% 的已婚女性已经申请贷款买房或正在准备申请贷款

有六Q的女人最好命

购房。她们这样做主要是因为同父母尤其是同公婆之间的确存在着生活习惯、生活方式、思想意识的差异，拥有一套属于自己的房子作为小俩口的生活空间可以避免许多不必要的矛盾冲突，另外还有更多的时间和精力学习、娱乐和休闲。

这些都是女人正常的消费，而且把钱花在应该花的地方无可厚非，而且，有的消费还是必要的。

谢尧是某通信公司的人事主管，月收入过万。在公司里，她是有车一族，同事都以为她家底厚实，其实她是贷了款的。为了这部车，老爸老妈天天在耳边唠叨："你一个女孩子买什么车啊？这可是个无底洞，每月要还贷款，还要出什么保养费、油费，花那么些冤枉钱做啥？"

可是她的观点与父母亲完全不同："我上班已经很辛苦了，难道还不能慰劳慰劳自己吗？有自己的车上下班总比每天挤公交要来得方便许多吧。钱赚来就是花的，不然放在那里让它生白毛啊！现在年轻的时候不花钱，要我再过30年再花？超前消费蛮好的，至少能比别人提前享受生活，而且在有贷款的压力下，我会更加努力地工作，使自己提早升职加薪啊！"

女人提升自己花钱的水准其实很简单，从这些最基本的消费入手就可以了。该省的时候省，该花的时候花，要有最基本的理财意识。不仅要年轻时过得好，也要为年老的时候储存足够的积蓄，来保障自己的生活。

杨澜曾经说过，女孩到了20几岁，就要开始学会理财了，不管现在你的收入有多少，都要为你的明天打算，聪明的女人应该知道如何花钱，这其实也是一门艺术。

具体到家庭理财中，有一个重要的"四三二一法则"，即40%用作风险型投资，30%用作供房或固定收益类投资，20%用作家庭生活开支，10%用作购买保险。正当合理地花钱，既是一种时尚的消费方式，也是一种向上的生活追求，是智慧的体现。

第三节
你为什么还是穷女人

每个人，不管条件如何，都有适合自己的一套理财方案，而开源节流则是放之四海而皆准的理财捷径。

开源，即增加收入，步入"钱生钱"的良性轨道。节流，即控制成本支出，养成良好的消费习惯，只买对的，不买多余的，无论是贵还是便宜。无力开源，就要更注意节流。

使女人贫穷的五大原因

女人贫穷有五个原因：

1. 对金钱有着偏颇的理解

女人对金钱有着天生的敏感，也有着天生的喜爱，甚至有着天生的敌意。如果对金钱本身理解错误，则会给自己带来贫穷之难。

有的女人太看重钱，总是死死地攥在手里，该花的不该花的地方都以节省为前提，能不花就不花。而这样带来的结果就是不但没有享受到由金钱带来的快乐，而且还因为过于保守缺失理财意识，而最终错失了赚钱的良机。每日生活与金钱脱不了关系，就应正视其实际的价值，当然，过分看重金钱亦会扭曲个人的价值观，成为金钱的奴隶。

有的女人太不看重钱，认为钱就是用来花的。钱不用的时候就是废纸一张，只是人们平日里一件必不可少的生活用品而已。所以花钱的时候不动大脑,没有节制,甚至很是冲动。即使收入不高,也不知节俭而是挥霍无度,无论挣得多还是少,都不会在乎自己的明天。

这两种女人是两种极端,因为都对金钱有着偏颇的理解,所以才会导致贫穷。

2. 没有财务目标,没有财务计划

有很多女人都不会给自己树立财务目标,认为这一些,自然有老公来完成。不知道要给家挣多少钱,要使这个家达到什么样的富裕程度。但是老公再怎么拼命挣钱,老婆不会理财,最后都是一场空。

理财是一种长期、全面的人生规划,它会随着人生不同阶段的变化而不断地发生改变。而每一阶段的理财目标都不外乎是根据当前的资产状况、收入水平、家庭情况及社会发展,进行教育规划、养老规划、投资规划、风险管理规划、税务规划、遗产规划等,以保证我们每一段的人生都能有一个稳定的生活质量,老而无忧,从而达到创造财富、保存财富与增值财富的人生目标。

而拥有财务目标的同时,也要相关的财务计划来配合。

首先,列举所有愿望与目标,包括短期目标和长期目标。列举的目标可以是个人的,也可以包括家庭所有成员。

其次,筛选并确立基本理财目标。审查每一项愿望并将其转化为理财目标,有些愿望过高,不太可能实现,就需筛选排除。

第三,排定目标实现的顺序。把筛选后的理财目标转化为一定时间能够实现的、具体数量的资金量,并按时间长短、优先级别进行排序,确立基本理财目标。所谓基本理财目标,就是生活中比较重大、时间较长的目标,如养老、购房、买车、子女教育等。

第四,制订理财行动计划,即达到目标需要的详细计划,如每月需存入多少钱、每年需达到多少投资收益等。有些目标不可能一步实现,需要分解成若干个次级目标,设定次级目标后,你就可以知道每天努力的方向了。

3. 无计划地消费

很多美国人，包括美国女人，最后都是贫穷潦倒地离开这个世界的。她们都知道钱很重要，但总想即刻就买东西。无法控制需求和购物的冲动，尽管她们懂得投资生财，但仍会不由自主地去购买新自行车或最新款的运动器械。

无计划地消费使钱很快流失。抵押贷款、购车、学费、食品等，一张张的账单，让钱瞬间无影无踪。意外事故和失业常常会使她们不知所措。

其实，遵循几条简单的原则，加强一点自律，有计划性地消费，这一切都能改变。

4. 拖延或懒于改变现状

这个原因可谓是导致女人贫穷的最根本的原因了。因为拖延和懒惰，使女人错失了很多机会。

这样的女人多半没有强烈的致富欲望，所以才没有动力去督促自己勤奋。像这样没有雄心、没有好强心与好胜心的女人最容易满足，或许不会太贫穷，但也不会太富有。

5. 观念不超前、思想不系统、方法不对头、信息不灵通

这些都是大问题，没有理财的基本细胞，也不是简简单单便能转换的。这样的女人，最好的办法不是自己亲自去理财，而是将自己的钱财交付给专家，由别人来帮助自己理财。

如果你有上述毛病，你并不悲哀，大多数人都和你同病相怜。你只要学会克服这些毛病，便能拥有一个有保障的未来。建立自信，一定能够找到解决方案。

当然，除了物质贫穷，还有更为可怕的贫穷，即精神贫穷。

作为女人，即使是物质贫穷，也不要精神贫穷。精神贫穷了，即使物质富有也没有意义。

在自己熟悉的领域里"找钱"

女人要想赚钱,一定不要剑走偏锋,去尝试完全陌生的世界,摸着石头过河,最后河没有过去,人却掉在了水里,自身难保。如果所从事的行业是自己熟悉、自己感兴趣的,就更容易起步,更容易大展拳脚。因为已经积累了一定的人脉、一定的资源。最重要的是,在自己的事业里,自己是专家,砝码有一半是压在自己身上的。

如果你是个教师,可以向教育业发展;如果你是个地质学家,可以向考古发展;如果你是搞科研的,你可以开发出一个有市场的新产品;如果你拥有一栋房屋,你可以选择将其租出去,这样就可以不费心地拥有固定收入。

不要盲目涉足自己不熟悉的领域。

《塔木德》中有这样一个故事:

有个农夫由于庄稼种得好,收成总是要高于周围邻居,收入也因此颇为不错,日子过得很惬意。村子里的人都夸他聪明能干,并有人断言只要他做生意,肯定能干出大名堂,比种地强多了。

农夫的心被这天花乱坠的吹捧弄得痒痒的,于是和妻子商量想要到外面闯一闯。但是妻子很理解自己的丈夫,知道他的秉性和头脑根本不是做生意的料,于是一直劝阻他,但还是拗不过农夫的执意。

但是妻子还是说,你要做生意,总要有本钱吧,家里现有的积蓄不能拿给你用。你牵出牧场的一匹马与一头牛去市场卖掉,无论多少都是你的本钱。农夫依计行事,兴奋得一晚上都睡不着。

第二天,农夫怀着满心的热情,骑着马领着牛上路了。为了怕牛丢了,他专门用绳子将牛与马拴在一起,还给牛系了一个铃铛。

路程有一些遥远,加上昨天晚上没有休息好,出发没有多久,他便困意来袭,不由得在马背上打起盹来,却不知道有人神不知鬼不觉,悄悄地偷走了他的宝贝牛。

等他醒来的时候,猛然回头,发现牛不见了,急忙回头寻找。这个时候,有一个人走过来,热心地问他出了什么事儿,他细说了原委。

来人笑笑,指着回家方向的一条小路说,刚看见有一个身着蓝衣的人牵着一头牛过去了,你不要着急,赶得上的。不过那里不能骑马,你得徒步追赶。

农夫想这人是好心人,就托其照看自己的马,自己朝那人所说的方向追去。但是他越追越觉得蹊跷,因为路上没有牛的一丁点儿粪便和啃啮草的迹象。他想自己估计是找错路了,只好悻悻而回。但是那个指路的好心人和自己的马却没有了踪影。他等了很久,也没有盼到好心人的出现。

农夫意识到自己受了骗,伤心极了,慢慢地朝回家的原路走。他已经没有做生意的本钱了,当他来到一条小河边时,却发现一个人坐在小河边,哭得比他还伤心。农夫挺奇怪,停止了自己的悲伤,不由得也上前询问。他得知,那个人不小心将装有金币的钱袋掉进了水里。

农夫急忙说:"那你赶快下去捞呀。"那人说自己不会游泳,如果农夫给他捞上来,愿意送给他20个金币。

农夫一听喜出望外,心想这真是因祸得福:马和牛虽然丢了,可能到手20个金币,损失全补回来不说,还小赚一笔。他什么都没想,便脱光衣服跳下水捞起来。

当他空着手从水里爬上岸时,他的衣服和干粮还在,但仅剩下的一点钱却不见了。这一天里,他经历了人生中最为曲折悲惨的事情,灰头土脸地回家去了,毕竟,不知不觉,离自己的家不远了。

当农夫回到家,惊奇地发现马和牛竟然还在家中。原来,那3个人是妻子托自己的弟弟找的几位朋友,以此来试探他的。

妻子道明真相之后说:"没出事时麻痹大意,出现意外后惊慌失措,造成损失后急于弥补。你连这些基本的风险都预料不到,又怎么能在商海里拼搏呢?还是老老实实地在家中种地吧!"

农夫有点羞愧,但是对妻子的话深表赞同。

无论自己在熟悉的领域里多么成功,都不要觉得自己会在其他的行业里一样顺风顺水,因为隔行如隔山。

就连精于商道的犹太商人,对于自己不熟悉的领域,如果没有足够的本领与能力,也是不会轻易涉足的。他们认为,那样做的结果,除去失败,没有第二个结局。

人生的诀窍就是经营自己的长处,在自己熟悉的领域里比较容易做出正确的决策。

如果在人生的坐标系里站错了位置——用自己的短处而不是长处来谋生的话,最后只能顾此失彼,留下失败的教训。

女性最常见的理财误区

女人理财有很多误区,正是因为这些误区影响了女人的幸福。要认清这些误区,并且进行相应的改正。

误区一:依赖老公

许多女人认为男人养家养女人是天经地义的事情,既然男人挣钱养家,钱就归他管好了。但是,理财方面,男人大多是外行,而且男人一心主外,忙于事业,便不会再斤斤计较这些理财的事情。理财,还是要由女人来做。

而且,作为女人,理财便意味着掌握着家里的经济大权,即使挣得不多,管得却多,有权在手里把握。

女人也常常认为,干得好不如嫁得好。即使嫁得再好,持家理财也是逃脱不了的命运。而且，越来越多的女人要么离婚，要么单身，而那些仍有婚姻的女人一般也都比她们的丈夫长寿。因为平时工资比男人低，所得到的退休金和社会保险又极为有限。所以这就要求女人必须要懂得理财、善于理财。

如果一心将经济收入与理财全依赖于丈夫，不仅会危及到自己的经济安全，还会给未来老的时候留下隐患。

误区二：理财就是省钱，会影响生活品质

在爱消费的女人眼里，理财就等于"节约"，省钱的方式会影响到自己的生活品质，该买的东西不能买，还没有办法吃美食、穿名牌，无法正常消费，也无法正常享受生活。实则不然，理财是为了让自己更好地生活，是确保在自己的经济能力范围内花同样的钱，过更高质量的生活，而不是为了未来而降低当下的生活质量。要有计划地花钱，而不是大手大脚地花钱，在真正需要大钱的时候一筹莫展。

理财并不是省钱，一些女人明明收入不低，却舍不得消费，能挣钱不会花钱，过度节约，这种做法同样不可取。

误区三：理财太复杂，做不来

因为不少女性对数字、宏观经济没有兴趣，所以就认为投资理财是件复杂困难的事，非自己能力所及，认为只有专家才能理好财。

理财的确需要一定的技巧，需要正确的观念、时间和耐心，但是只要用到功夫，理财自然而然便水到渠成。而且，女人天生细致、有耐心，只要在理财上多用点心思，理财比想象的要简单很多。理财是一个日常积累、摸索实践的过程，不需要有什么负担和压力。只要学好理财知识，每个人都可能理好财。

误区四：理财很容易，简单易行

要真正把家中的钱财打理好，让资产的收益率超过通货膨胀率是一件很难的事情。正是因为很难，才会有那么多专家来帮助人们去分析完成这些事情。如何保证资金安全并实现资金的升值，是大有学问的。所以，在自己精心策划的同

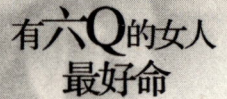

时，也要借用专家的建议，综合足够的投资知识来指导自己的投资行为。

误区五：理财是有钱人的事情

不少刚刚参加工作的人认为："理财是有钱人的事，我的钱都不够自己花，哪需要理啊？"

恰恰相反，越是没钱越应该理财，越应及早掌握理财技巧，通过理财"脱贫"，开始适合自己的人生理财规划。而"十分之一法则"则比较适合普通人理财。该法则指的是将收入的1/10存起来进行投资，积少成多，将来会有足够的资金用于理财。每月累积下来，收入不可小觑。不要忽视小钱的力量，就像零碎的时间一样，懂得充分运用，时间一长，其效果就自然惊人。

仔细计算一下你的花销，减少消费，通常都能挤出一部分钱来进行投资。渐渐地，你还会发现好多事情都在你的控制之下，有很多种方法可以使你增加财产。

误区六：没有足够的时间来打理我的钱

很多人都认同这一点。他们认为自己有太多的责任、任务，根本就没有多余的时间。而实际上，理财并不是想象中的那么费时，而且到处都可以找到帮手。个人理财网站及财务报都会教给你一些储蓄、消费和投资的基本知识。

主动参加独立的理财讨论会（大多数都是免费的）或听一些理财讲座，还可以让你的朋友介绍其信任的投资专家或理财专家给你。耳濡目染，理财知识便一步步增多起来，投入其中实践也仅一步之遥。

误区七：钱在银行又稳又安全

受传统观念影响，大多数女性不喜欢冒险，她们的理财渠道多以银行储蓄为主。这种理财方式虽然相对稳妥，但是现在物价上涨的压力较大，放在银行的钱永远都在贬值。如果储蓄利率是2%，而通货膨胀率是4个百分点，你的购买力每年都损失2个百分点，这表示100元钱一年后实际只有98元。

所以在新形势下，女性们应更新观念，转变只求稳定而不看收益的传统理财观念，积极寻求既相对稳妥，收益又高的多样化投资渠道，比如开放式基金、炒外汇、各种债券、集合理财，等等，以最大限度地增加家庭的理财收益。

误区八：随大流避免理财损失

许多女性在理财和消费上喜欢随大流，常常跟随亲朋好友进行相似的投资理财活动，不顾自己家庭的风险抵御能力是否与人家相同。结果造成了家庭资产流失，影响了生活质量和夫妻感情。看到其他家庭的孩子报名参加钢琴班、舞蹈班，自己也替孩子报名，但并不考虑孩子的潜质与兴趣。

误区九：会员卡消费节省开支

女性们对各种会员卡、打折卡可谓情有独钟，几乎每人的包里都能掏出一大把各种各样的卡。许多情况下用卡消费确实会省钱，但有些时候用卡不但不能省钱，还会适得其反。

买家没有卖家精，有的商家规定必须消费达到一定金额后才能取得会员资格，或者如果想要办卡，要付一定的费用才可以。如果单单是为了办卡而盲目消费的话，结果不但没有省钱，反而还多消费了一笔。

有时商家推出一些所谓的会员优惠活动，实际上也并不一定比其他普通商家省钱；还有一些美容、减肥机构，以超低价吸引你缴足年费，可事后要么服务打了折扣，要么干脆人去楼空，让你的会员卡变成废纸片一张。

无论理财是简单还是容易，理财是一生的财务安排和规划。目的不是赚多少钱，而是保证财务安全，追求财务自由。理财是战略，讲究布局、资产管理和财富配置。在理财的时候，要规避上述九项误区。最关键的问题是要有一个清醒而又正确的认识，树立一个坚强的信念和必胜的信心。

你不理财，财不理你，心动了，就立即行动吧。

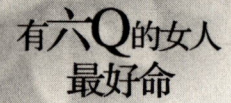

学会分开投资与生活

投资与生活是密切相关、休戚与共的,投资有利于生活,投资可以使生活变得富裕,投资可以充实生活,投资也可以改变生活,投资是为了提高生活的质量,让生活更好。不要让投资误了生活,学会分开投资与生活,不要让投资控制了生活,而是要让投资作为生活的后盾。

首先,投资的钱一定要与生活的钱分开

投资是有风险的,但是不要将这部分风险带入到生活中来。投资的钱最好是即使赔掉,也不会影响到生活本身的钱。不要把所有的鸡蛋都放在一个篮子里,即是这个道理。

要在认真审视自己的资产分配状况及承受能力的前提下,达到个人资产收益最大化。只有将个人或家庭的财务按步骤做好规划,才能够善用钱财,达到各种理财目标,享受无忧无虑的生活。

其次,投资的时间一定不要跨越生活的时间

投资的时间不要跨越生活的时间,即投资的时间不要侵占生活的时间。钱很重要,投资也很重要,但是生活是为了投资而存在。如果你把所有的时间都用在投资上,那就没有了生活的空间,日子也变得暗淡。

如果把所有的心思都用在如何苦心投资上,那么你就无法享受真正的生活,的确,金钱的雪球是越滚越大,但是离真正的生活也越来越远。

第三,投资一定不要影响生活的质量

财富能带来生活安定、快乐与满足,也是许多人追求成就感的途径之一。适度地创造财富,不要被金钱所役、所累是每个人都应有的中庸之道。不要忽视投资理财对改善生活、管理生活的功能。但也不要因为过度地倾注心血在投资上,而失去了那颗感知生活快乐的心。

毛毛结婚的时候，已经是一个女强人了，结婚后还是。正是因为她是女强人，才吸引了丈夫乐乐的目光。他喜欢那种独立且有魄力的女人，这种女人是他工作上得力的搭档。

但是两个人并不在同一个公司工作，分别继承的是彼此的家业，都不想放弃祖传的东西。只不过是他们可以互通有无，进行适当的资金周转和合作。

生意做到一定程度的时候，他们都开始着手投资，两个人非常相似，都不安于只是保存、保护家产，而是希望在自己的手上能将家业更进一步地扩大。

日子这样过下去似乎并没有什么不快乐，两个人都在做自己想做的事情。可是有一天，毛毛发现自己开始变得不开心，总是暴躁、易怒、嗜睡，她不知道自己怎么了，还有恶心的症状。

她打电话给乐乐，可是乐乐并没有放在心上，只是说自己很忙，而且的确也是在忙。她挂了电话，一种极度的失落感袭来，自己身边，现在最亲的人除了父母就只有丈夫了，丈夫甚至要更亲近一些。因为她从小也似乎很少见到父母聚在一起陪她的情形，她是跟着保姆长大的。

到那个时候，她才发现自己其实不喜欢现在的生活，似乎是在为一份责任而活着，而这份责任还是自己强加给自己的。父母早早地把家业交给她的时候，并没有说希望她保护好家业，更没有说希望她扩大家业的话来。他们似乎只是将自己的一个负担给她了，便轻松了。每次她跟父母讲集团现在的状况，他们似乎并不怎么关心，他们似乎更关心应该给宠物狗换一个什么样的造型。

她把自己关在家里，不接电话不开门，一直想一直想，只到最后才想明白，自己这辈子似乎并没有认真地生活过。父母一定也是，所以才那么早早地将集团交给她，她似乎在步父母的后尘，如果再继续下去，她也必定像他们一样，在晚年的时候，拼命找寻生活的快乐了。而这些，丈夫还没有意识到。现在，是做抉择的时候了，或许自己不应该太拼命，集团那么大，何苦要自己一个人去撑？作为一个女人，也应该有属于普通女人的生活吧。

有六Q的女人最好命

　　她想通了，去医院检查，原来是怀孕了，或许是老天给了自己这么一个机会，不要总是马不停蹄地奔忙，为了一个又一个的投资项目，不能陪父母，不能陪丈夫，甚至都不能好好地善待自己。而自己和丈夫，也似乎越来越远了。他有的时候彻夜不归，说是陪客户，实际上一定去找别的女人了，的确自己也有一部分的责任。

　　从此，她开始放慢节奏，有时间一定会提前回家烧一顿好吃的饭菜，听听育儿音乐，接父母过来一起住。

　　生活，似乎回归到了这个家庭。

　　分开了投资与生活，似乎投资与生活也会越来越好。

第五章
顺流逆流都是好人生
抗逆商数（AQ）

> 每一个人都有超出自己想象的潜力,当超越了来自自身、家庭、社会的桎梏,将自己的"能量"尽最大能力释放出来,才算是真正地具备了人才的素质。女人的命运更是坎坷多变,有大自然的莫测风云,也可以是人际间的是非恩怨,所以,逆境常常可以把女人的精神摧垮,一次又一次地把女人推向深渊。但是,逆境也可以为女人提供意志的磨刀石、信念的冶炼炉、灵魂的再生地。与困难作斗争不仅磨砺了我们的人生,也为日后更为激烈的竞争准备了丰富的经验。

第一节
为生活中的烦恼和苦闷敞开一扇门

做人要做到"自己看好自己"。当我们能够做到自己看好自己的时候,便不会因为默默无闻的平凡而自暴自弃。也只有这样,作为女人才会时时处处都懂得珍爱和善待自己,无论面对幸福还是厄运,都能做到绝不放弃美好人生的向往和追求。笑对朋友、笑对亲人,也要笑对敌人,因为是他们让你在这个世界上丰富了自己的情感和生活。

女人不是钢铁战士,容忍自己有脆弱的一面

在某个爱情魔幻喜剧片的记者招待会上,当主演被问及女强人的身份是否会给她的感情婚姻带来影响时,她淡淡地回应道:"其实女人都有脆弱的一面。"

是的,女人都是很脆弱、需要保护的,她们的坚强只是给自己包装了一层外壳罢了,其实她们的内心世界像水一样柔弱。

在古代,一些传统礼节规定了女人应该"三从四德",由儒家礼教对女人的一生在道德、行为、修养的规范要求。女人在思想上受到的约束,使她们从来不敢违背道德约束。后来女人解放了,"女人能顶半边天"、"女强人"等说法应运而生,把女人从幕后推到了台前,女人则像钢铁战士般一样,家庭事业两不误,给人坚强的感觉。殊不知,这种坚强大多是掩盖了女人们固有的脆弱。

曾经我们用来形容女人柔情似水、女人是水做的等等特点,已经被现代社会

的快速发展渐渐地掩盖了。有时候，女人总是在默默地忍耐着，像是背着包袱在前行。

刘洁家境不错，大学毕业后，想考研继续深造，就在她等待继续深造而打工时，结识了陈峰。

陈峰的口才不错，也有幽默感，深得身边女人的青睐。相对来说刘洁就很单纯，从未体会过男女之情。就这样在陈峰甜言蜜语的进攻下，刘洁投入了陈峰的怀抱，做了他的女朋友。一开始的时候，陈峰对刘洁还比较好，也比较体贴照顾。刘洁也默默地付出着，像一位勤劳的妻子一样操持着家里的一切事情。但随着时间的推移，陈峰慢慢地变了，他对刘洁的默默付出总是毫不在意，那种似有似无的感觉令刘洁不好受。

而且，陈峰也经常乱发脾气，甚至有几次在发脾气时失控对刘洁动粗。为此，刘洁多次想分手却因心软被挽留。为了更好地支持陈峰的工作，刘洁甚至连学业也放弃了。

后来，刘洁不小心怀孕了，两个人把婚事提上了议程，但她的家人因为陈峰的品行而极力反对他们的婚事。因为陈峰与刘洁家人的冲突，孩子成了牺牲品。没有了孩子，刘洁却因为陈峰总是以死威胁，不顾家人的反对坚持和陈峰在一起，她把所有的委屈都独自承受下来。

可是两个人已经无法像从前那样了，几乎每一天都在争执中度过。陈峰虽然不赌，却因为花费太多导致欠下不少债。而且陈峰很大男人主义、很专制，刘洁和他一起总觉得不能呼吸，虽然想要摆脱他，可是他始终不肯放手，依然以死相威胁，最后刘洁还是心软地留在陈峰的身边。再加上，因为家人的原因失去了孩子，刘洁总觉得亏欠陈峰很多，总是默默忍受着。

虽然刘洁已经独自承受了太多的压力，她活得不开心却依然要逞强。她就像一个钢铁战士，肩负着沉重的包袱，哪怕压弯了腰也没想到要停下来歇一歇。

其实，生活中有很多像刘洁这样的女人存在，她们为了家庭，为了孩子，有时比男人做的都多，她们撑起了家里的一大片天空。但是女人终归是女人，她们是天生的弱者，需要别人的保护，因此女人不要把自己搞得太累。

有很多时候女人都会脆弱，当你感觉到不开心或是难过的时候，静静地听一首歌，哪怕会掉眼泪都好。不要再套着那层伪装的外壳，卸下所有的伪装，慢慢地梳理自己的思绪，完全放松自己。有时候有的事情经历得多了，也就习惯了，作为女人，应该让自己的脆弱展现出来，因为你不是钢铁战士。

受伤了，不让想象夸大事实

女人是容易受伤的动物，因为她们脆弱、敏感，还有就是她们易胡思乱想。当事情发生的时候，她们总是把结果往坏的方面想，有时还会在事实的基础上凭空去夸大。其实，不管男人还是女人，讲话都是会夸大的。不同的是，男人夸大的是事实和资料，女人夸大的是情绪和感觉。男人也许会夸张地描述自己的工作有多重要、他赚的钱有多么多，或是钓到多大一条的鱼、他车子的性能有多棒，或是有多少漂亮女人和他约会过。女人会夸大的，是她和别人对某人发生的事的感觉，或是对于某人说过的话的感觉。和男人相比，女人的大脑注意的是人，以及她们对生命的梦想和感情生活。

作为女人，这种想象的夸大是毫无意义的，只会给自己平添烦恼罢了。尤其是当女人在心里重复想一个情节时，她便会以为那是真的。

米琪和她的丈夫决定在星期六晚上6点左右，到他们俩最喜欢的餐厅用餐。用餐之前，她的丈夫和同事去打篮球了，米琪则和她的朋友一起逛街，一起吃午餐、喝咖啡、聊天。

时间过得很快，马上就到约会的时间了，但米琪由于路上堵车，来不及赶到餐厅。当她到达餐厅时，丈夫已经坐在里面了，两眼直盯着窗外。看到这种情形，米琪为迟到而向丈夫道歉，并告诉丈夫自己今天和朋友在一起，过得很愉快,还让他看自己买的那些东西。

最后米琪从包里拿出一份特别的礼物——一对漂亮的金色袖扣,和她丈夫穿的西装很搭配。米琪以为丈夫会高兴,没想到他只是喃喃说了声"谢谢",就把袖扣放进口袋里,然后一言不发地坐在那里。

米琪觉得丈夫的情绪很怪,以为他不说话是在惩罚自己的迟到,或是想让自己紧张。这顿晚餐两个人没有说一句话,气氛非常沉闷。

在回家的路上,丈夫还是一言不发,很安静地开着车,米琪心里就在想,一定出现很严重的问题了。米琪试着找出是什么问题,最后决定回家后再提出来问。

到家后,丈夫直接走进客厅,打开电视,两眼茫然地盯着它看。从他眼里流露出的信息仿佛是在告诉米琪,我们之间完了。米琪最后甚至怀疑到丈夫一定有别的女人了,他一定在想别的女人。他不想告诉自己,是不想伤害自己。

米琪心想,肯定是那个女人,她总是穿着迷你裙上班。我看过她每次走过自己丈夫的面前都是扭腰摆臀的。他一定以为我是笨蛋,没注意到他看着那个女人,还对她露出傻笑的样子。

就这样,米琪和他的丈夫一起坐在沙发上,坐了15分钟,后来米琪实在是受不了了,就气呼呼地回屋睡觉去了。10分钟后,丈夫也进来了。令米琪讶异的是,他竟然拥抱自己,并对自己说:"亲爱的,对不起,你知道吗,今天火箭队把最关键的比赛输掉了。"

这时米琪才恍然大悟,自己的丈夫是篮球迷,非常喜欢火箭队,原来他今天不说话的原因就是因为自己支持的球队输了球啊!

要不是米琪的丈夫主动向她说明了原因,米琪一定还是凭空想象夸大事实,自己在那生闷气呢。

作为女人,要学会谦让、容忍、克制住自己的情绪,在遇到困难或一些棘手的事情时,必须要冷静地思考,试着多与别人交流沟通,而不是自己一个人在那胡思乱想,凭空夸大事实。

当你受委屈时，可以淡漠它，相信清者自清，浊者自浊，总有水落石出的那天；当你被人误解时，不要及时去辩解，也不要想后果会是什么样，做最好的自己，用微笑去面对；当你失恋时，高傲地仰起头，坚信下一个会是最好的。不论在什么时候，作为女人，受伤了，不要让自己的想象去夸大事实的结果。

在情绪低落时如何进行自我调节

人很少有一帆风顺的时候，总是有一些磕磕绊绊、不如意的事情发生，这些事情影响着人的心情，容易让人情绪低落。尤其作为一个女人来说，没有大度和宽广的胸怀，情绪低落更是时有发生。

情绪是可以随着时间、环境、周围人的变化而变化的，当一个人的情绪低落时，如何进行自我调节才是最重要的。现实生活中存在着来自各方面的压力，压力越大就越容易情绪低落、举止失态。

灵因为家里穷，失去了上大学的机会，整天闷闷不乐。

有一天，她看到天空中飞过的大雁，非常羡慕，说："我要是鸟该多好，想去哪就去哪，多自由啊。"

大雁就问她："你有心事？"

灵说："我想去上学。"

大雁说："我们南来北往，为了适应环境，要在不同的季节中生存下去。你的环境就是家穷，不能上学，但并不妨碍你学习，学会适应环境，才能生存。"

如何对自己低落的情绪进行自我调节，并且保持良好的心态呢？

1. 深呼吸

情绪低落的时候，尝试着进行深呼吸，它能增加血液中的氧，有助于很快放松心情。简单地用胸部快速浅呼吸只能导致心跳加速、肌肉紧张，会增加压力感。正确的呼吸方法是放松腰带，双手托住下腹，均匀平缓地呼吸。

2. 尽可能地想象

研究证明，当一个人情绪低落时，尽可能地想象能有效减轻压力。情绪低落时，闭上双眼，想象自己身处海边，蔚蓝的天空、辽阔的大海、和煦的微风，想象自己在海边嬉戏，光着脚在沙滩上奔跑；想象自己在一望无际的草地上漫步，闻到近处有花香，听到远处有马蹄声传来。在想象的时候一定要想象一些宽阔的场所，多想象一些声音、景象、气味等细节。

3. 换自己喜欢的服装

美国著名心理学家杰克·布朗研究后认为：适当地选择衣服，有改善情绪的功效。因为，称心的衣着可松弛神经，给人一种舒适的感受。情绪低落的时候，要穿最鲜艳的衣服或是你平时最喜欢的衣服，在感官上先调节自己的情绪。

4. 换换胃口

心情不好会吃不下饭，一些健康食品有助于缓解焦虑，如清爽可口的食物、某些滋补品。不管怎么样，更换食谱、换换胃口是改变心情的好方法。在压力下吃饭往往会倒胃口，其实要定期变换口味，能吃则吃。

5. 做一些自己喜欢的事情

研究发现，当女人心情低落的时候，有的人喜欢疯狂购物，有的人喜欢吃零食等，这都是放松的表现，因此，心情低落的时候，做一些自己喜欢的事情来调节。

6. 冲热水澡

把洗澡水水温比平时稍微调高一点，然后冲个热水澡，当热水冲淋自己的头部、身体时会感到舒服、痛快。冲热水澡能让全身血脉流通，烦恼似乎会随污垢一起洗去。

7. 听音乐

现代研究证明音乐能减缓心率，提高对环境的耐受力。去找一些乐曲听一听，经典名曲、流行音乐、通俗歌曲，跟着大声唱一阵，发泄一下。

有六Q的女人最好命

别为了生活中遇到的挫折而苦恼,谁都会有这样或那样的生活烦恼。要记住,吃亏、上当,哪怕是受到挫折都是你人生最宝贵的经验。作为一个女人,你要做的就是接受这一切。开朗地接受,大度地包容。

每个人的机遇、所处的环境,包括身边的每一个人都不同,不论怎么样,都要怀着一颗乐观的心去看待周围的一切,对你嘲笑的人、不疼爱你的人,你可以先主动一点表示你的友善,以一颗宽容大度的心去原谅那些人。不要让自己成为别人生活中的一个丑角,你在无聊郁闷的时候可以找好朋友多聊天、多沟通,不喜欢别人在嘲笑你,你可以视而不见,不需要报复,报复只会带来更大的伤害。

当你懂得了这些道理后,你的情绪自然而然就不会再低落。太阳每天都会东升西落,时光也是一去不返,当一个女人学会自我调节情绪后,那么她的人生一定会是丰富多彩的。

感觉孤单无助的时候积极与朋友接触

有一首歌曲的歌词是"当你孤单你会想起谁,你想不想找个人来陪"。有时候,人是孤单的,害怕一个人吃饭,害怕一个人睡觉,尤其是女人,在遇到一些事情时,总是想不出好的办法去解决。

女人是天生的弱者,总希望有人保护,在孤单无助的时候有人可以依赖,有安全感。可是,生活中她们却喜欢把自己隐藏起来,强颜欢笑,但情感总要有个出口,朋友也许是她们最好的选择。

白薇是房地产的女强人,也正是这个原因,30岁了还是单身。

白薇其实挺苦,独自经营公司,把公司打理的井井有条,在商业界,没有人不佩服她。可是,她并不快乐。

在物质上,她应有尽有,可以说一个女人想要的她都有,但她却常常感到寂寞、无助,尤其是在忙碌的工作之后,回到宫殿一样大的别墅,独自面对漆黑的夜晚。她常常羡慕那些平常女人,虽然没有名牌衣服,出入高档场所,但她们有朋友、有家、有疼爱她们的丈夫、有自己的孩子。再想想她自己,不管什么事情都是她自己处理,那些成天围着她转、对她百般讨好的人,都是对她有所求。这也许就是一个女强人的悲哀。

白薇在情感上更是一片空白,追她的人不是没有,但真正懂她、爱她的人却一个也没有。她常常因为工作上的一点小事而严厉地呵斥下属,搞得没有人敢接近她,同事都在背后嘲笑她"男人婆"、"母老虎",其实,白薇也不想这样,可她控制不了自己,常常做过就后悔。孤单无助的她讨厌听到别人的笑声,觉得那是在嘲笑她。所以,公司压抑的气氛让她感到窒息,再加上巨大的工作压力,她的精神几近崩溃,痛苦不堪的她只能求助于心理医生。

白薇的悲哀是没有倾诉的人,长期的压抑,让她走向崩溃的边缘。如果她有朋友,就不会把自己封闭起来,生活就会五彩斑斓,可是她却是有苦说不出,孤单无助。

女人在生活中除了面对家庭、事业,还要面对自己的情感。当她们的感情受到压抑的时候,她们更希望向陌生人倾诉,和朋友交谈,把自己的牢骚一吐为快,发泄自己的不满,寻求心理的平衡。

人心是世界上最坚固的一把锁,打开它,一切问题便迎刃而解。

女人的心,更是深邃无比。作为女人,要想化解难题,首先要了解自己的心,把心灵从无尽的压抑、自卑、猜疑、冷漠、浮躁中释放出来。和朋友喝得酩酊大醉、跳舞跳得精疲力尽,都是女人释放的方式,也许这样才能把生活的压力、现实的不如意,尽情地宣泄,心里也就会有更多的期望,或许会觉着生活还是很美好的。

不管男人女人,都希望自己的生活中有更多的朋友,在自己需要的时候有人关心、有人倾诉。女人的敏感,使她们更喜欢用热闹来掩盖自己,将自己的悲伤用眼泪代替,脆弱的心需要有人抚慰,朋友的关怀就是她们最大的安慰。

有六Q的女人最好命

女人是感性的,相对于男人而言,女人更需要人了解自己,和自己有共同语言的人来分享自己的喜悦、哀愁。比如和朋友说以下这些话:

"唉,今天真倒霉!"

"我的衣服好看吗?"

"我是不是又老了。"

"我又失恋了。"

也许朋友的一句"没事,有我们呢"、"好看"、"没有啊,你看上去年轻多了"、"他失去你,是他没福气"这样简单的几句安慰,也许会使你感动,不好的心情也一扫而空,你知道有时候,他们只不过在敷衍自己,可是自己还是快乐。如果你把自己的不快闷在心里,你的情绪也许会使你冲动,做出令自己后悔的事。多多与人分享自己的苦恼,也许你的孤独无助是你和朋友的桥梁。

幸福的女人,要拥有自己情感的出口。

所以,女人不要把自己封闭起来,走出去,把苦恼倾吐,你会发现自己是多么幸运。有人可以分享自己,自己也能感受别人的内心,平衡心理、化解忧郁、懂得自足、珍惜自己拥有的。一个人心情开朗则对什么事情都充满热情,对生活充满希望,把自己放在大千世界中,你会有不一样的境界,这就是一个女人的快乐人生。

第二节
一池荷花两样清，需要改变的是内心

有一首歌中这样唱到："站在天平的两端，一样的为难……"可是在生活中这样或那样的问题，或多或少地都会遇到。女人不能因为害怕感情受到伤害，而不去谈恋爱，那你就永远也得不到爱情；不能因为害怕失败就不去开拓事业，没有经过锻炼的羽翼永远不会丰满；不能害怕遭人误解就不与人沟通，封闭自己，将会让自己处于孤立的状态。勇敢地面对问题，是解决问题的先决条件。

让女人事业失败的5个心理障碍

心理学认为，女性在事业上容易失败，其心理因素占主导地位。许多女人内心都潜伏着心理障碍，最为常见的是以下五种：

1. 漂亮导致女人产生过分的优越感

自古红颜多薄命，漂亮是女人的一大优势，没有一个男人不喜欢漂亮的女人。就是因为有众多人的注目，一个漂亮的女人很容易迷失自我，产生一些优越感。从心理上看，男女对于成就感的需求各不相同，推动男性追求成就的心理关键是"竞争"，女人的动机却是"社会的接纳"，而一些漂亮的女人往往不思进取，认为自己天生已有了被社会接纳的资本，无须再费力去"竞争"了。

女人的漂亮只代表她的一种不错的自然素质，这与成功没有直接关联。很多漂亮女人，由于把过多的精力用于外表的修饰，而忽视内在素质和专业技术的提高，而很容易被作为一种"花瓶"来摆设。

漂亮的女人往往会被众多的男性追求，因为身边有了一群男人的关心、呵护、甜言蜜语，因此漂亮的女人往往被这些冲昏了头脑，过多地把心思用在了打扮和交际上，而忽视了学习和研究，以致她们的优越感仅仅是相貌的出类拔萃，但是，这种美丽往往不堪一击。因为人的美丽是短暂的，而美丽过后则是人的厌倦。

作为一个女人，只有不断地修炼自己的内在美才是永恒的，作为一个漂亮的女人，要想获得事业的成功，就要学会克服这种自身美丽的优越感。要经常给自己充电，让内在美大于外在美，这样的女人才会有更自信的人生。

2. 成功会取代爱情

社会上有这样一种现象，学历愈高，找对象愈难，成功女人背后往往不能站立一个坚强的男人。许多男人要"贱内"，而不喜欢"女强人"，因此，许多女人深信，事业上的成就不仅会受到社会的排斥，而且也会带走夫妻间的爱。

在一个传统思想的社会里，人们根深蒂固的思想是"男主外，女主内"。都说成功男人的背后往往有一个默默支持他的女人。但是，这个条件反过来看，有时却很难成立，因为一个成功女人的背后很少会有默默付出的男人。正是这种思想的困扰，许多女人都安心默默地为家人、为丈夫、为孩子付出，而不会在事业上有所作为。

缘分是注定的，爱情来的时候谁也不能挡住它的炙热。因此作为女人，该成就事业的时候一定要抓住机会，因为爱情随时都可能出现，而机会却只出现一次。

3. 缺乏竞争欲望

在一个人事业成功的因素中，竞争意识的重要性不亚于才干。不幸的是，女性的心理似乎总是使她们自觉样样不如人，同时，也不喜欢靠竞争来满足自己的愿望。

话说挪威人喜欢吃沙丁鱼，遗憾的是，由于每次出海的时间比较长，少则两三天，多则六七天。等到归来时，沙丁鱼已经死去的死去、烂掉的烂掉。也正因为如此，活着的沙丁鱼才格外惹人垂涎三尺。

有一次，一个船队出海去捕捞，待返回港湾时，鱼贩们纷纷涌上码头收购鲜鱼。但渔民开舱一看，捕到的沙丁鱼已全都死了，只有一位渔民的沙丁鱼依然鲜活，鱼贩们便纷纷挤到他的船头，高价收购。同船队的人不解，他的鱼何以能活到船靠岸？后来发现，他在水舱里放了几条沙丁鱼的天敌：鲶鱼。它们几乎每时每刻都撵着沙丁鱼满舱乱窜。

没有竞争就没有进取，作为女人，失去了竞争的欲望就很难在事业上取得成功。因此要想有所作为，就要有竞争意识。

4. 同性的嫉妒心理

嫉妒是一种使人产生焦虑、恐惧、愤怒的复杂情绪，担心自己的爱会丧失，或属于自己的爱、物质、关系会丧失。

女性本不喜欢与人竞争，但在爱情或在对待同性时，却往往"竞争意识"十足。可惜，这种竞争使她们失去已有的优势。一些女人自身的不足在于病态般的嫉妒，她们不善于协调自身的有利因素，盲目地同那些本不应与之竞争的对象去竞争，最后失去了大局。

任何人都会有嫉妒心理，但同性间，女人的嫉妒心是最严重的。以至于在工作中勾心斗角、互相扯皮、打小报告等。因此要想事业成功，就必须杜绝这些心理，多关爱、多放宽胸怀。

5. 延续性心理太强

很多女性总是喜欢将注意力放在对原有思维结果的理解和模仿上，思维的目的，只是为了延续已有的东西，而不是为了创造新的东西，这也是为什么女性在那些模仿和继承性强的领域易做出成绩的主要原因。而这也成了她们不善于做创造性工作的最大心理障碍。

因此，避免这种延续性心理，就要多学习、多交往、多推陈出新，只有不断地突破心理上的思维定势，才能有所成就。

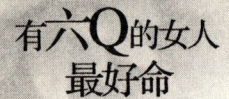

经常反思自己的固定模式是否合理

　　生活中很多模式是既定的也是唯一的，千篇一律不是错误，各有千秋也不是特长，女性在职场中总是会固守自己一定的思维模式或是行为模式，有的人永远都是千篇一律，而有的人又总是会随着不同的时间、不同的场所转换思维模式，前者是古板的，后者是灵活的，所以在职场中，女性要想有所成就，就要学会经常反思自己的固定模式是否合理。

　　潇潇是刚入职场的小职员，她不喜欢被别人颐指气使，也不喜欢和别人争强好胜，她只是一个简单、普通的小姑娘，每天按时完成老板交代的工作，不违背自己的工作原则，就这样，过了两年，一天，老板给了潇潇一件任务——帮公司做一份年度规划，这不但关系到公司下一年的业务量和绩效，同样也关系到潇潇的前途，因为老板说了，只要潇潇能按时交给他一份完美的年度规划，那潇潇就有可能涨薪水，更好的消息是，潇潇也有可能因此而升职！

　　潇潇自然不会放过这么好的机会，所以她就像往常一样趴在桌子上慢慢地想、慢慢地查资料、慢慢地规划，就这样，不知不觉过去了大半个月，眼看离交规划的时间越来越近，可潇潇还是一点头绪都没有，就在这时候，单位上一直暗恋潇潇的一位男同事对她说："你可以换一种思维呀，不要老是局限在自己以前的固定模式里，像这样的规划，你必须到市场上先了解现在的业务行情，然后根据现在的业务量和以前的业务量，以及现在人们的平均消费水平进行综合评估，这样才可能圆满地完成任务呀！"听完这话后，潇潇茅塞顿开，心想："是呀，自己一直以来都是在电脑上、资料上研究问题、处理问题，却忘了现在的任务不同、环境不同，自己原来的固定模式也不适应现在的情况。"之后潇潇按照男同事的建议，亲自到市场中研究，然后结合以往的资料圆满地完成了任务。自那之后，不管潇潇是做到了主管的位置，还是成为了副总，她都会不时地进行反思，反思自己的固定模式在当时的环境中是否合理，而且她也一直把这一法则当作是她职场的成功秘笈。

不错，如果潇潇当初只是一味地按照自己原来的固定模式进行思考，那她又怎么可能完成任务，又怎么可能升职？曾子说过："每天要多次地反省自己：为别人办事有没有尽心尽力？与朋友交往是否诚实？"古人都是如此每天反省自己，而作为现代女性，更应该每天不断地审视自己、经常反省自己、找出自己的毛病，改正自身的缺点，才能不断地进步。不要总担心犯错误、出问题，其实问题的出现只是在给你一个修正的机会，所以在自己发现问题时，一定要学会反思，反思自己原来的固定模式是不是不适合现在的实际情况，要学会转换思维，这就是职场生存法则。

经常反思自己的目的是为了更好地认识自我、了解自我，当然这就包括认识自己的优点、潜力，也包括认清自己的缺点和不足。只有认识到自己的优势才能更好地发挥、挖掘这种潜力，也只有认识到自己的缺憾才能及时设法补救，不至于一失足成千古恨。不论是生活还是工作都是如此，所谓"金无足赤，人无完人"，只有不断地反思才可以不断地前进。

女性对感情是敏感的，可对事业却总是会很迟钝，有时候自己长时间地在一种环境中做同一种工作，时间一长也就自然而然地会形成一种固定模式，而当自己突然面对一份新工作的时候，就会习惯性地用原来的固定模式来思考、来工作，这样就只会事与愿违，得不偿失，所以我们要学会不断地反思，其实没有多少人能够真正地认识到自己的优势和劣势，也没有多少人是根据对自己清醒的认识来设计职业生涯的，所以请你试着每天给自我留出一定的时间来进行反思吧。只有经常地进行自我反思，才能及时地发现自己工作过程中存在的各种不足。

即使在职场上叱咤风云不是你的理想，那你也应该学会给自己机会，学会在竞争中生存，学会经常反思自己的固定模式，学会在不同的时间、不同的地点转换思维，只有这样你才可以在当今的竞争狂流中存活下来！

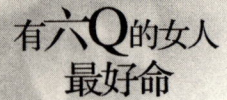

学会放手,不要等撞了南墙再回头

从前,有一个老和尚跟一个小和尚要过河,在河边遇到了一位漂亮姑娘。这位姑娘说:"我不敢过河,你们有谁可以背我吗?"小和尚听到立刻跑开了,心想:"我们是和尚,怎么好去背一个姑娘呢?"

老和尚却说:"我来背你吧。"于是背起这位姑娘过了河。

过了几天,小和尚忍不住问老和尚:"我们是出家人,那天你怎么可以背那位姑娘过河呢?"老和尚回答:"过河以后我就把她放下了,你怎么到现在还没放下?"

人生在世,就要说了便做,做了便放下。敢做,是勇士;放得下,为智者。只有学会放手,才能使自己更宽容、更睿智。放手是一种智慧的表现,只有放得下,才能走得远。俗话说:"有所放弃才能有所追求。"那些什么都不放弃的人,反而会失去最珍贵的东西。正所谓,逆水行舟,不进则退。

尤其是作为女人来说,更要学会放手,如果只是一味地什么都想要,那么又有多少力量去得到这些,并稳稳地抓在手里呢?

彭慧最近一段时间很是苦恼,她在事业和家庭上都遇到了麻烦,事业上他对同事心存嫉妒、工作浮躁,家庭上,对丈夫晚归产生忧虑,这使她常常失眠,一副魂不守舍、沮丧的样子。

一天,她的闺蜜来找她一起上山拜佛,说能解决她目前的忧虑,于是彭慧就跟着闺蜜一起来到附近山上的寺院。

在寺院里,闺蜜把她领到住持的面前,彭慧看着眼前慈祥、超然的师父,就一股脑儿地倒出了自己的困惑和烦恼。住持笑了笑,伸出手握成拳头状,然后对彭慧说:"你试试看。"彭慧照做了。住持告诉她尽自己最大力气握紧,于是彭慧就把拳头捏得越来越紧，指头几乎攥进手心了。

住持和蔼地问道："感觉如何？"

彭慧茫然地摇了摇头。

住持说："你把拳头伸开。"

彭慧舒开手掌，住持把一枚青枣和一片玻璃碎片放在她的手中，说道："再握紧试试。"彭慧把青枣和碎片握在手心，住持还是告诉她尽自己最大的力气握紧。

彭慧紧紧地握住拳头，扎肉的疼让彭慧说："不行了，禅师，我的手都快要被割破了。"

此时，住持突然喝道："那你还不赶快把拳头松开！"

彭慧舒开手掌，看着手掌有些微红的硌痕，碎片已经扎到青枣里了。

住持望着彭慧，慈祥地说道："现在，把碎片取出来，丢掉吧。"

就是这一句话，彭慧好像明白了其中的一些道理，她看着手中的青枣和玻璃碎片，心想：这青枣不就是我的事业和生活，而这碎片不就是生活中困扰着我的那些嫉妒、浮躁和忧虑吗？

这时，住持笑了笑，说："生活中的事就好像这青枣和玻璃碎片。如果你什么都不取、空握拳头，即使使出再大的力气，也是一无所获，这叫徒劳无功。青枣就像你生活中一切美好的事物，而碎片就是困扰你的烦恼，我们在做事时难免要产生烦恼，你将它们握得太紧，必然要伤到自己，握得越紧，对你的伤害也就越大。要记得及时将青枣中的碎片取出来丢掉啊。"说完，住持转身离去。

看着手中的青枣与碎片，听完住持的一番话，彭慧豁然开朗。她拉住闺蜜的手，感谢她带自己来到这里，现在她再也不会有那些嫉妒、浮躁和忧虑了。

其实生活很简单，我们只需要学会分辨身边的事哪些是青枣、哪些是碎片。发现碎片要及时地取出，握住我们应该握住的，放下应该丢掉的。

很多人面对自己的成功、面对别人的赞赏时，嘴上都会谦虚不已。可实际上，过去的荣耀与成就已经在他的心里扎了根，他的整个人都会沉湎其中，不能自拔。不仅仅是对待成功，对待失败、痛苦也是如此。

有六Q的女人最好命

女人更是舍不得放下过去,甚至喜欢沉迷于过去的回忆之中。要知道,每天的太阳都是新的,每天的记忆也都是新的。你只有养成随手关门的习惯,学会告别过去,学会放下往事,才能轻装上阵去追求明天的快乐和成功。

坦然面对成败,把注意力放在下一次

世界球王贝利在他20多年的足球生涯里,参加过1364场比赛,共踢进1282个球,并创造了一个队员在一场比赛中射进8个球的纪录。他超凡的技艺不仅令万千观众心醉,而且常使球场上的对手拍手称绝。他不仅球艺高超,而且谈吐不凡。当他个人进球记录满1000个时,有人问他:"您哪个球踢得最好?"贝利笑了,意味深长地说:"下一个。"他的回答含蓄幽默,耐人寻味,像他的球艺一样精彩。

在迈向成功的道路上,每当实现了一个近期目标,绝不应自满,而应迎接新的成功,应把原来的成功当成是新的成功的起点,应有一种归零的心态,才永远有新的目标,才能攀登新的高峰,才能获得成功所带来的无穷无尽的乐趣。

人生总有成败,成功固然令人惊喜,但失败了也不要悲伤,面对成败时,我们要坦然处之。其实人生就如一曲旋律,曲中充满抑扬顿挫与悲欢离合,关键在于我们怎样去把握生活,多一份乐观,少一份忧愁,这正如事事退一步就海阔天空。我们应该享受平淡带给我们的温馨,清心寡欲能带来意想不到的成功和喜悦。希望每一位朋友都能坦然地面对生活,在坦然中求得一份快乐。

雷玲玲是获得"浙江骄傲"荣誉的优秀80后代表,在接到大学录取通知书后,一场意外车祸使她成为残疾人。大学4年,她没能坐在课堂上听过一堂课,在同学的帮助下,艰难地完成了学业。拿到大学毕业证书后,当很多人还在为就业奔走、为前途迷茫时,她毅然地说:"我要自己创业!"如今,走出校园后不久的她，凭着一台电脑，风风火火地开起了网店，闯出了一条新的人生之路。

在领奖台下，面对记者的采访，雷玲玲谦虚而感激地说："我那么平凡，从没想过会获得这么大的荣誉。"

就是这么一位身残志坚的女孩，回到日常生活中，她并没有因为获得如此殊荣而沾沾自喜，依然脚踏实地地为自己的理想打拼着。每天，她和男友一起经营着"左手右手"网店，玲玲负责与客户联络沟通，为客户介绍商品，提供有效建议；她的男友负责网店的推广和营销，打造网店的良好形象。"左手右手"就以卖大号衣服作为自己的营业特色。

当初在领奖台上，雷玲玲曾说："感谢身边这么多关心、帮助我的人。等到我有能力的那一天，也要帮助别人，因为我觉得爱就是这样传递的！"为了这个"传递温暖传递爱"的梦想，玲玲和她的男友已经在准备了——他们想在条件成熟后推出自己设计制作的品牌服装。

事业能给人带来充实感。雷玲玲开创的这片天地虽然还不大，但足以让她充满积极向上的能量。曾经的痛苦让她悟出了很多道理："开心是一天，不开心也是一天，不如乐观地活下去。"她说："上学、找工作、开网店，一开始都很难，但最艰难的岁月都挺过来了，我就一定能坚持下去。不管自己能得到多少，先尽力去做，坚持下来，就算最后没达到预期，我也会坦然面对。"

在我们的生活中，有许多事情是自己不能决定的，也无法去决定。在漫长的人生旅途中会遇到许多自己意想不到的事情。所以在面对自己的成败时，要学会坦然，把注意力转移到下一次上面。失败了还可以从头再来，成功了还要继续努力；面对失败要学会坚强，面对成功要学会虚心向别人学习。

一个人成长的过程是一个不断在失败中寻找机会的过程，没有失败就无所谓成功。坦然，其实就是平淡中的一份自信！坦然是一份快乐！是一种潇洒！

在人生中，许多的成败与得失，并不是我们都能预料到的，很多的事情也并不是我们都承担得起的，但，只要我们努力去做，求得一份付出后的坦然，其实得到的也是一种快乐！

第三节
你终究会成为你想成为的那种人

早点学会选择，人生没有回头路。遭遇厄运不要紧，关键要在不幸中学会自救，要认识世俗，面对现实，在社会上找到自己的位置是女人首先要解决的问题。

女性的生活可能过得很辛苦，却不能过得辛酸破败。我们不能保证自己在生活中事事如意，但是我们可以决定自己以什么样的形象和心态去面对生活。

你的心理暗示会诱导你的运气

有一位工人在下班后，被锁在冷库里，第二天，当他的工友打开冷库门，发现他已经死亡。大家都很吃惊，因为那天的冷库根本就没有通电，就是说冷库里只是常温，不可能冻死人的。后来有专家解释说，是那位工人的心理暗示要了他的命，被关在冷库里，心理一定很恐惧，会不断地想"一定会被冻死，一定会被冻死"，就这样，他就真的被冻死了。

所谓心理暗示，是指人接受外界或他人的愿望、观念、情绪、判断或态度影响的心理特点。自我暗示是靠思想、语词，对自己施加影响以达到心理卫生、心理预防和心理治疗目的的方法。通过自我暗示，可以调理自己的心境、感情、爱好、意志乃至工作能力，起到非常积极的作用。

每天，从自己或他人那里接受的各种暗示，会给我们带来喜悦和信心，也会给我们带来郁闷和不安。学会给予积极的心理暗示，可以帮助我们更加快乐地面对生活，使自己变得更加快乐！

晓梅是某房产公司的经纪人，她在早上吃早饭的时候，不小心将一只玻璃杯子掉在了地上，摔碎了，晓梅心里很是不安，总觉得这是一个不好的预兆。一大清早怎么就会摔碎一只杯子？继而晓梅又想到今天会不会发生什么不测。

到了公司，晓梅依然心神不宁。她去做会议纪要，同时心里还在想，早上怎么就会打碎一个杯子？她已经许多年没有打碎东西了，打碎杯子到底预示着什么？一定是预示着什么。会散了，晓梅突然发现，在纪要上，她忘记了依次写下发言人的名字，到底谁讲了什么，谁在前、谁在后，记录上都没有记。晓梅的脑子里"嗡"地一声，一阵轰鸣。忘记写发言人的名字，是作为会议纪要者最不应该犯的错误。

当晓梅心惊胆战地把会议纪要递给上司时，上司一眼就看出了问题，脸色顿时一阵难看。晓梅忙说："今天早上，我打碎了一只杯子……"

回到办公室，晓梅感到今天的一切更加不顺、特别倒霉。于是她拿起电话，取消了傍晚给朋友过生日的约定。尽管她觉得自己的做法有些欠妥，但她还是认为，今天这么倒霉，还是什么也别干了。

就这样，熬到快下班的时候，突然有客户打来电话，让晓梅带她去看房子。然而晓梅觉得今天一切都不顺，对于眼前的客户，心里想一定成交不了，一定会出问题。电话里，晓梅拒绝了客户，说她今天有更重要的事。就这样，晓梅失去了一个重要的客户。

晚上，回到住处的晓梅，心里依然想着那只被打碎的杯子，心情十分糟糕的她准备冲个热水澡，试图改变一下心情。回想这一天所发生的事，她越想越气，越想越觉得不应该，这样想着，她猛地拧开冲澡的水龙头，热水流下来，把她的手臂烫红了。

晓梅难过地哭了，这一切都是从早上那个被打碎的杯子开始。

一个打碎的杯子，让晓梅的会议纪要没有发言人名；一个打碎的杯子，让晓梅拒绝参加朋友的生日聚会；一个打碎的杯子，让晓梅失去了一个重要的客户；一个打碎的杯子，还把自己的手臂烫伤。那么这些事情都与杯子有关吗？是的，统统都没有关系，但晓梅却从心里把它们弄得有了关系。

在晓梅的心里自我暗示下，她一整天都在和自己过不去，早上出点事，便会暗示自己一天都不好，这之中，一旦发生什么问题，便会认为：事情就是这样！

有时我们想想，一切都不是这样的，如果不是这种心理暗示，事情就不是这个样子！而经常给自己做这种心理暗示的人，一般都无法快乐起来，很容易丧失对生活的信念与乐趣。一个人的心理暗示对自己很重要，你想要快乐，就多给自己一些阳光的暗示；要想运气好，就多给自己一些自信的暗示。有时多想一些好事，生活的质量就会不一样。

不逃避艰辛，但不能在艰辛中变得麻木和迟钝

每个女人似乎总是希望有一份舒适安逸的生活，可是，现实对每个女人都不会都这么仁慈。当得不到命运的垂青时，就不要逃避命运的安排，在艰辛的日子里创造出与众不同的人生。

安娜出生在美国乡村，只接受过很短的学校教育。20岁那年，家中一贫如洗的她就到一个山村做了侍女。她不甘沉沦，不甘一辈子做侍女，她无时无刻不在寻找发展的机会。3年后，安娜终于来到华盛顿的园艺公司打工。

自从进入公司那一天起，安娜就下定决心，要做同事中最优秀的人。当其他人在抱怨工作辛苦、薪水低的时候，安娜却默默地积累着工作经验，并自学园艺技术知识。

有一天，公司的经理到园中检查工作，经理视察工人宿舍时，看见了安娜手中的书，又翻了翻她的笔记，什么也没说就走了。

第二天，经理把安娜叫到办公室问："你学那些东西干什么？"

安娜不慌不忙地回答说："我想我们公司并不缺少打工者，缺少的是既有工作经验又有专业知识的技术人员和管理者，是不是？"

经理点了点头。

不久，安娜就被破格升任为技师。那些打工者中也有人讽刺挖苦安娜，但是她说："我不光是在为老板打工，更不单纯是为了赚钱，我是在为自己的梦想打工。我们只能在工作业绩中提升自己。我要使自己的工作所创造的价值，远远超过所得的薪水。如果我把自己当成公司的主人，就能获得发展的机遇。"

正是抱定了这样的信念，她努力工作、刻苦钻研，系统掌握了技术知识。就这样，安娜通过不懈的努力成为国内一流的园艺技师。25岁那年，安娜终于有了自己的园艺公司。

很多自以为有几分姿色的女人，抱怨生活的艰辛、命运的不公，羡慕别人，却从没有想过别人的成功付出了多少艰辛，就像安娜，在艰辛中成就了自己不凡的人生。

生活艰辛，但在艰辛中活得自在，是一个成功人必备的心态，尤其是女人，艰辛不但会使她们过早衰老，也会随着生活的压力变得麻木、迟钝。慢慢地退出时尚的舞台，过平庸、琐碎的日子。所以，女人艰辛，但不要在艰辛中失去活泼、失去美。

许多人总以为自己已尽其最大的努力同艰辛与苦难作出了奋斗。其实，并没有尽其一切的可能去努力。世间许多的沉沦，都是由对客观境遇的妥协所造成的，都是由不愿努力、不肯奋斗所造成的。女人在男人给的安逸中失去了上进心，把自己变成男人的附属品、家庭的老奴，当她们扪心自问，这是我要的生活吗？她们的答案是"不"，可她们已经无法逃离这种生活，只能在一次又一次的妥协中继续生活。

如果一个女人有在艰辛中乐观的精神，她的情感和心态就会充满活力，让她不会在消极、失败、成见、怀疑面前止步。对自己永不满足、在艰辛中活得洒脱，她就会不自觉地洋溢出生机与魅力。真正令男人心仪的，往往是具有精神品位的女人。容貌不能说不重要，但绝不是最重要的，徒有其表、腹中空空的女性只能是昙花一现，最重要的是人在苦难面前坦然的精神，它使普通的女性也变得富有气质与魅力。

命运对于男人残酷，对于一个女人更是残忍，女人的成功也许是一部血泪史。但女人也最不容易向命运妥协。作为女人，尤其要做个自强的女人，无论家庭、事业、交际，都是备尝艰辛，一举手、一投足间都有辛酸；女人，也最容易疲劳，因为要强女人承受的是更多的期待和信任，会令她们走进一个又一个劳心劳力的圈子，但是，艰辛的她们，总有办法用最短的时间、最恰当的方式巧妙地处理妥当，在众人的赞叹声中，保持她们自信的微笑，给大家送去定心的精神动力；艰辛的女人，可能相貌平平，但是，因为那份执著，她们瞬间便变得光彩耀人、变得淡雅高贵，因而，无论在哪个场合，她们都是最耀眼的焦点，而且永远不会因为容颜的衰老而失去自己的魅力；艰辛的女人，拥有的东西不一定很多，但是，她却拥有一份富可敌国的财富——毅力。正是这种精神使得她们获得的果实更甜美，使得世界如此美丽。

改变自己，适应现实环境

记得有这样一个故事，说是一个女孩经常在她父亲面前抱怨，说公司领导是怎么对她不公平，同事也经常在领导面前打她的小报告，说社会是怎么的不和谐……而她的父亲每次都是保持沉默。直到有一天，女孩到父亲家里，看到父亲在煮鸡蛋。而父亲看到她的时候，就拿起一个煮熟的鸡蛋和一个生鸡蛋对她说："你能告诉我这两个鸡蛋有什么不同吗？"女孩看了半天后很随便地说："这不就是两个鸡蛋吗？只不过一生一熟罢了，说到底它们都还是鸡蛋啊，没什么不同的啊！"这时候父亲笑了，并对女孩说："你说得对，它们的本质都是鸡蛋，可你发现没有，生鸡蛋一碰就烂，而当把它放到滚烫的开水里煮一会儿，它会比生鸡蛋坚硬许多，这是为什么呢？"当女孩听了父亲的话后，脸不自主地红了……同时，父亲看着女孩说："是啊，一个鸡蛋，它在遇到滚烫的开水这么恶劣的环境后，都会变得坚硬无比，况且你是人，是万物之灵啊。与其天天抱怨环境不好，为什么不像鸡蛋那样去适应环境呢？你不能改变环境，为什么不去改变自己呢？"女孩听了若有所思地点了头，然后转身走了。从此她再也没向任何人抱怨过什么，因为她懂得了一个道理——与其费心去改变现实的环境，还不如学着自己去适应环境。

其实很多时候，困境就是由环境造成的，我们虽然无力去改变环境，但是，我们却可以改变我们自己，通过改变自己来让自己适应环境，为自己赢得一个全新的生活状态岂不更好？

所以说：识时务者为俊杰。懂得判断时势、把握时势并且及时推时势一把，乃是成就英雄的基本功！自古至今，敢于担当责任和敢于前进的人，他们并没有急着去想方设法地改变黑暗的环境，相反，而是先去适应它，然后冲破黑暗的现实，烛照未来的光明。

台湾著名歌星、被誉为"情歌王子"的张信哲，刚出道时并没有时下这般光鲜耀眼。那时候，他虽然加盟了一家音乐公司，实际干的却是杂工的活儿：给每一位工作人员送盒饭，忙不迭地一趟趟为别人买急需的东西，每天总是干些七零八碎的事情，他渐渐感到自己离音乐梦想越来越遥远，情绪也一天比一天低落。终于有一天，情绪低落到极点的他逃回家里，在父亲面前失声痛哭。

然而父亲没有过多地劝慰他，只是说："孩子啊，人要先学会让自己适应现实，然后才有可能沸腾。"然后对他讲了一个故事：铁匠的女儿因生活不如意想自杀，她父亲知道后，并没有劝说女儿，只是把一块烧得通红的铁块放在铁砧上狠狠地锤了几下，随手丢入身边的冷水中。"咻"地一声，水沸腾了，一缕缕白烟向空中飘散……女孩的父亲对她说："你看，水是冷的，铁却是热的。热铁遇到冷水，双方就展开了较量——水想使铁冷却，铁却想使水沸腾。现实也是如此，生活好比冷水，你就是热铁，如果你不想冷却，就要先融入冷水，这样你才有机会让水沸腾。"

父亲的话让张信哲心头一震，他失落的心又充满了奋斗的勇气：他要让自己沸腾！几年后，他终于在歌坛打开了自己的一片天地。

没错，其实，生活就像是水，它在竭力冷却你，而如果你不想被冷却，那么你就要想尽一切办法使水沸腾。当然，你只有融进水里，才可能有机会让它沸腾。

当我们面对挫折的时候，常常抱怨生不逢时；当我们收获成功果实的时候，又往往夸大个人的作用。要是我们能够正确地认识自己，努力改变自我，自强不息，我们就会在弱肉强食的社会中生存，才有可能让平庸转变为卓越。

环境能影响一个人的才能发挥，或者打击他的自信心，却不可能也决不会主宰一个人的命运。如果你对现状不满，那么首先应该改变自己；如果你已对自己100%地感到满意，那么你就没有什么可以抱怨的，坦然接受这一切！一个能顺应时代而懂得改变自己，并最终能主宰自己命运的人，美好的明天已经指日可待。

保持韧性，努力打造个人品牌

在这个弱肉强食、竞争激烈的社会里，韧性无疑是女人最该有的适应能力和谋生手段。

著名影星刘晓庆，在她刚出道的时候并没有时下这般光鲜耀眼，能够笑傲中国影坛。了解她的影迷都知道，她的成功之路很艰难，她的生活、爱情，她的艺术道路、她的经商之路都经历了跌宕起伏的波折和坎坷。可以说她的人生是大起大落，多次濒临人生的绝境，这样的艰难是一般人无法承受的，而她却勇敢地挺过来了，如今还能笑傲中国影坛，所有这些成就，归根结底都是因为她有一种令无数女人，不，应该是几乎令所有人都佩服的韧性，一种永远都打不垮的韧性。就是这种韧性让她造就了一个属于自己的个人品牌。

在著名影片《乱世佳人》里面，那位美丽而倔强的郝思嘉小姐，曾经那么的骄纵、那么不可一世，让人看了都觉得讨厌。然而，当一场战争像飓风一样卷走了她的一切，战乱使她失去了亲人、失去了原来的美好生活、失去了故土家园时，她并没有为此而沉沦。她凭着惊人的勇气、坚忍不拔的毅力、坚强不屈的品质，以一种毫不妥协的韧性，重建了家园，重新夺回了曾经失去的幸福。

其实，我们每个人都知道成功不是轻而易举获得的，说得形象点：成功就像爬山，一种人看到山就退缩，这种人永远都在原地，因为他没有成功所必备的韧性。另一种人一时兴起，爬到一半就放弃，这种人韧性不足，或者说不懂什么是韧性，不具备成功人应用的韧性，所以这种人失败是种必然。第三种人在爬山的过程中克服种种困难，并且享受爬山所带来的快乐，一鼓作气坚持向上爬，最终爬到终点。自然，第三种人身上就明显体现了什么是成功所应具备的韧性。

中国有句俗语"上山容易下山难"。当第三种人爬上山的时候，他看到远处有座更高的山，当他必有一种征服那座山的欲望，也就是我们所说的韧性，那么他必须要上山，就要像成功人遇到失败一样，站起来保持征服的欲望，继续往更高的一座山爬。人生就是这样，经历要源源不断，困难和挫折也是处处可见。而成功的关键是看你有没有一种征服的欲望，一种战胜困难和挫折的韧性。

国人都知道邓亚萍的乒乓球打得一流，可又有多少人知道她的成功靠的是什么呢？"如果亚运会、世乒赛和奥运会的冠军是我乒乓球生涯的三大满贯，那么在清华获得学士学位、于诺丁汉大学硕士毕业和取得剑桥博士学位，就是我要完成的另一项大满贯。"这是邓亚萍接受记者采访时说过的话。前国际奥委会主席萨马兰奇曾经这样评价她：她非凡的成绩是其艰苦努力与天才、不屈不挠的精神和尊重奥林匹克伦理观相结合的结果。

所以，每位现代女性都应该把"我们是弱势群体"这样自欺欺人的话语抛出

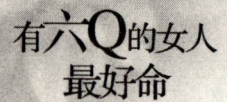

脑海,要学会在逆境中锻炼自己、成就自己。遇到困难和挫折要有一种不屈不挠的韧性,因为它是你通向成功彼岸所必不可少的一种品质。要学着忍泪含笑、挺直脊梁,以女人该有的韧性去做人。

如果你在向目标挺进的途中遇上了麻烦,你就去面对它、解决它,然后继续前进,这样问题才不会越积越多。同时,你解决了一个问题,其他的问题有时也自动消失了。因为时间能消除许多问题,你只要坚持到底、循序渐进,一个一个来,而不是操之过急、急功近利,那许多问题就会自然迎刃而解。

人的一生不可能一帆风顺,多多少少总会有一些坎坷和波折。人之所以有强弱之分,究其原因是强者在接受命运挑战的时候说:"我永远不会放弃。"弱者说:"算了,我承受不住。""优胜劣汰,适者生存",这是自然法则。成功的人,可能只不过是比失败的人多了最后一分钟的坚持而已,而正是因为这最后一分钟的坚持,决定了他的成功或失败。就像一场比赛,最后几分钟,往往才是决定输赢的关键。

学会选择,人生没有回头路可走

人生没有回头路,有些人、有些事一旦错过了,就再也找不回来。要找到某些属于自己的最好的东西,我们不仅要付出相当的努力,而且要有莫大的勇气去果断地选择。因为很多世事与感情经不起错过与等待,最终只会是无可奈何花落去的悲凉,是日后无法回头的遗憾……

莎士比亚有这样一句名言:"脆弱啊,你的名字是女人。这说明了为什么女人要慎重地学会选择自己的男人,不为什么,只是为了能够让自己更好地生活。"所以要想做个幸福的女人,你所做的每一种选择都要慎重,因为它很可能因此而决定你的一生。

有这么一则寓言:清晨,一只山羊在栅栏外徘徊,想吃栅栏里面的白菜。这时，太阳东升，它忽然看见了远处有一大片果园，园子里的树上结满了五颜六色的果子。于是它对自己说："我要去吃那些香甜的果子，何必吃这淡而无味的白菜呢？"然后，它朝着那片园子奔去。到达果园后，山羊才发现原来园子里的树那么高，自己这么矮小，根本吃不到树上的果子。于是它很不高兴地转身往回跑，无奈地选择回头去吃白菜。最后，山羊跑得已经没劲了。当它好不容易跑到栅栏外，白菜已经被主人挖走了，山羊痛苦地流下了眼泪。

其实，很多时候，我们也会面临着像山羊这样的选择。在跑来跑去的选择中，时间已逝，年华不再，最终一无所得。所以，该选择时就毫不犹豫地选择，哪怕前面还有更大、更好的，摘到自己手里的就是最好的，因为人生没有回头路。

南唐后主李煜在《乌夜啼》诗中说"人生长恨水向东"，这是对人生的精辟概括。在我看来，人生就如所走过的路，步步都在坎坷和诗意中度过春秋。有很多人在失意的时候，总想把原来的路重走，可时间如流水，走过了，流逝了，就不可再回头。这时就只能幻想，盼望来世不再空悲叹。静下心来仔细想想你就会发现，其实是你当初的选择错了，所以最后失意也就是自然而然的事。

然而，现实又是无法回避的坎，人生没有回头路，你也只能在叹息和惋惜中回味曾经的拥有和空度。如果能一比，人生好似在路上行走，同一方向的，有结伴而行，也有一人行走。方向相反的，只是擦肩而过，转瞬即逝，即使某一天想起，可他的行程已与你产生了越来越远的距离。假如因为某些原因又返回来，可是，因相隔太远，再努力也无法追上已经走远的你。有的也许陪你走了一段距离，但因行程目标不一，与你同行只是一时而已。

人生就是一次无法重复的选择。苏格拉底就说过：面对无法回头的人生，我们只能做三件事：

1. 慎重地选择，争取不留下遗憾；

2. 如果遗憾了，就理智地面对它，然后争取改变；

3. 假若也不能改变，就勇敢地接受，不要后悔，不要回头，因为人生没有回头路。

第六章
人生处处是修行
道德商数（MQ）

俗话说："小胜靠智，大胜靠德。"真正的成功女人，她们的道德修养一般都达到了很高的境界。很多女人的失败，并非是她们做事的失败，而是她们做人的失败、道德的失败。一切工作、事业上的成就，归根结底都源于她们做人的成功，高尚的道德必然形成高尚的品格，也就必然为她们带来了高尚的事业与高尚的命运。因此，要以高尚的道德来规范自己的行为，才能得到人生的乐趣、命运的精彩。

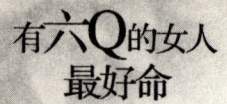

第一节
人生有多少错是自己造成的

每个年轻的女人都要坚信,世上所有美好的东西都有自己的一份。只是在你追寻和等待的过程中,不要做那些破坏自己形象和名声的傻事。男人是不怕犯错误的,哪怕是天大的错误,只要还有机会搏一下,就有希望。女人恰恰相反,永远都不要有孤注一掷的想法,只有坚守自己的理想,坚守自己的品位,才不会辜负了你自然的花期。

在了解规则之前,不要贸然打破规则

在现实中不管是游戏还是生活,都有它们自己既定的规则,而在女性职场中,有很多规则都隐含在工作中,如果一不小心,就会碰到地雷,大多女强人都喜欢按照自己的意愿去理解和改变规则,可结果总是会适得其反,其实在职场上,尤其是女人,在你了解规则时,不要以自己的主观意愿贸然地打破规则!这才是真正能够取得成功的智慧所在。

方馨在广告公司上班已有好多年了,可一直只是一名普通员工,而坐上主管的位置一直是她的梦想,为了升职,她一直在找机会去讨好上司以引起上司的注意,所以,无论是公司的聚会还是老板自己宴请朋友,她都会想方设法地打听到地址,然后就假装在那里巧遇,再以老板秘书的姿态来招待在座的朋友或是生意伙伴,因为方馨原来在大学里是学公关的,在接待应酬方面她是把好手,再加上她长得很漂亮，又有玲珑有致的身材，所以每次老板的朋友都很高兴，而且生意也进展得比较顺利。

慢慢地，老板觉得方馨在公关方面是有一定的能力，可是在工作业绩上却一直都很平常，老板也没有想过要给她升职，一天老板又要宴请朋友，而这次是一笔大买卖，老板很是在意，在宴请之前，老板叮嘱秘书到时候让方馨作陪，其实在老板心里已经把方馨当成了公关方面的好助手。

这一天方馨提前到了宴请地点，而且她穿了一件很漂亮的晚礼服，在酒桌上，方馨优雅地拿着高脚杯穿梭于各个贵宾之间，酒宴到晚上11点才结束，贵宾们都喝得很高兴，可是老板却是一脸的不愉快，方馨很纳闷，就问老板："老板，今天的宴会您不满意吗？"老板转过头白了她一眼，拂袖而去。

这件事之后不久，方馨就被开除了，对此她一直很纳闷，偶然的一次，她碰见了以前公司的秘书，她们在咖啡厅闲聊时说起了那件事，原来公司的那笔生意没有做成，而原因恰恰是出在了方馨的身上。因为宴会当天方馨只顾着陪酒，彰显自己的能耐却从头到尾没有提起合作的事情，而且方馨的一些言谈和举止也无意间透露了公司的实际情况，对此合作者并不满意，因而合作就没有成功，为此老板也损失了很多。

此后，方馨才明白过来，原来自己在了解规则之前已经把规则给打破了，她本来想借此机会来彰显自己的本事以此来吸引老板的注意，却忘了最重要的一点——那就是对老板来说，她的能力不是重点，而真正的重点是公司的利益。方馨如果从一开始就能够明白这一点，也许现在她已是公司的主管了。

不错，在我们的生活中，女性无论是从身体上还是从心理上都有她自己的弱点，更何况是在职场上。每个女人都希望自己能有姣好的容貌、有火辣的身材，因为每一个女人都觉得对于她们来说这些就是成功的资本，可是事实是这样吗？就像上面我们说到的方馨，她的外表虽不能与西施相比，但也有过人之处，可结果呢？如果她当时能多花点心思在自己的业务上，而不是一味地去炫耀自己的外貌，她的升职之梦又怎么会破碎呢？人生就是这样，只有实实在在地付出才会有回报。女人即使你有西施一样的美貌，有魔鬼一样的身材，如果你没有能力，那你就是一个绣花枕头，只是外表好看罢了！这就是规则，这就是女性职场的规则，方馨以为自己可以凭借自己的外表去打破这一规则，寻求一条捷径，可最后她却连最初拥有的都失去了。

规则是既定的也是一定的，所谓"无规矩不成方圆"。遵循一定的规则，这是我们女性在职场上必须要掌握的，没有哪个女性可以凭借自己的意愿就能随便做成功什么，在现在这个社会，能力才是最重要的，这也就是女性职场法则。漂亮的脸蛋、火辣的身材，这些都是造物主赏赐的，不是你炫耀的资本，也不是你可以依靠的能力，只有那些实实在在的知识、实实在在的工作能力才是你的财富，也是你不断得到升值的资本。女性在职场上想要实现自己的价值就更应该记住规则、了解规则，用工作实绩去不断地体现自己的价值。

女性在职场里，要想生存，要想有所成就，就得学会运用规则，而且在了解规则之前，不能凭借自己的主观意志去改变或者打破规则，有时候你觉得那是一条捷径，可事实上它也可能是把你推向深渊的黑手。其实职场就是一种高智商的游戏，既然是游戏，就要讲求游戏规则，做人有做人的游戏规则，处事有处事的游戏规则，不管怎样，我们都必须遵守，否则就会被淘汰出局。

无谓的攀比会把你推向烦恼的深渊

女人的感情是细腻的，也是微妙的，很多女人都喜欢拿自己的东西去和别人比较，不管是爱情还是工作。攀比是女人的天性也是女人的本能，但不同的攀比心理会产生不同的结果，如果一味地攀比，那原本可以很轻松、快乐的事情就会变得复杂起来。俗话说"人比人，气死人"，无论我们有多好，总会有比自己强的人存在，所以女人不要让那些无谓的攀比把你推向烦恼的深渊！

"你看看，陈姐的老公这么大年纪了，还给她送了一条手链当七夕礼物，你再看看小雪的男朋友，出差在外地还赶回来陪她过七夕。你呢？你怎么对我的？"七夕节当晚，武昌一家科技公司的技术员石林与出差在外的男友爆发了一次猛烈战争。

石林和男友已经相恋了3个年头，男友是一家外企的大区经理，经常出差，在武汉的日子屈指可数，即使这样两个人也还是很恩爱。刚谈恋爱时，男友为了哄她开心，遇到圣诞节、情人节等节日会尽量赶回武汉陪她一起过节，即使回不来也会从外地捎礼物回来，可现在日子一长，刚开始的那种激情也就没有了，男友也没有原来那么体贴温柔了。本来今年的七夕节，石林也没有奢望在湖南出差的男友能赶回来陪她一起过节，可一大早，办公室的陈姐就在办公室秀手链："别说，我老公还真有心呢，年纪一大把还玩浪漫。"陈姐话音未落，小雪也接话："是啊，今年好像大家更重视这个节日了，我男友居然特地赶回来陪我过节。"

这些话，让一向爱比较的石林坐不住了，赶紧找了点事情下车间去了，可脸上一直都写满了怨妇的表情。一下班，绷不住的她立即打电话给什么都没为她准备的男友，发泄了自己的愤怒。

其实，攀比是女人的天性，有的人觉得不攀比的女人是虚伪，也有人觉得爱攀比的女人是虚荣。是虚伪也好，是虚荣也罢，女人爱美，这是天性也是本能，有男朋友的女人和别人攀比自己的男朋友，而没有男朋友的女人又和别人攀比消费，其实无论是哪一种，最终受伤的都是自己，不信我们再来看看这位：

秦丽是武昌一家杂志社的职员，月收入3000元左右。她性格开朗，招人喜欢，可最大的缺点就是爱攀比：同事买了一条项链，她也想要去买一条；同事休年假出国旅游了，她也想出国去见识见识；同事买了一个名牌的包包，她就开始留意该品牌的商品，每天回家第一件事情就是在网络上搜该品牌的商品海外代购信息……

因为爱比着买东西，秦丽的经济状况经常捉襟见肘。但如果不买，她又会觉得心里感觉痒痒的。为了能比着买东西,她办了3张信用卡:一张用来在网上开通支付宝购买商品用,一张用来在商场购物,还有一张是专门用于吃饭唱歌等消费。为了还这3张信用卡的钱,她经常拆东墙补西墙。

其实女人无论是在表面还是在骨子里都是喜欢攀比的,不管是穿衣打扮还是其他,她们都会暗暗地和身边的人作比较,希望自己能更引人注目。就像前面我们提到的石林,其实她本来是不在乎男朋友能不能回来陪她过七夕节的,可是当她听到同事们都在炫耀自己老公送的礼物时,她暗暗地就开始把别人的男朋友和自己的男朋友作了攀比,之后她就开始心里不平衡,借而把火就发泄到自己男朋友身上了。这样做结果只会是两个人大吵一架,闹得不欢而散。生活中有很多有意义的事,作为女人不能只停留在简单的外部世界,无论再怎么华丽的服饰、再怎么体贴的男友都比不上自己内在修养的提高。

就像秦丽,她已经算得上是白领了,其实她本来可以过得很自在、很快乐,可是她却一味地和别人攀比,最后搞得入不敷出,使自己烦恼不堪。凡事都没有绝对,所谓天外有天,人外有人。也许现在你觉得他人拥有的比你要好、要多,可反过来在他人看来,也许你的才是最好的,一切事物只要一陷入比的范畴,都会不同程度地被曲解,凡事都要有一个度,有些结了婚的女人,看着别人家的日子过得比自己好,动不动就跟老公抱怨,拿老公和别的男人比。最终,生气吵架的也有,把老公吓跑的也有。还有一种女人,她们的攀比心理是对内的,特别是在情感方面,她们总喜欢把眼前的男人跟过去的男人相比,比来比去,到最后也找不到合适的。

女人是一种感性动物,注重的是自己内心的感受,攀比其实也就是这种内心的驱动力在作怪,我们不是说要让女人杜绝攀比,相反,我们只是希望女人在攀比的时候要把握一个度,不要无谓地攀比,不要总是认为别人的要比自己的好,在你的眼里是金香玉,可在别人看来也许就只是一块烂石头,我们要学会的是珍惜自己所拥有的,而不是一味地活在别人的标准里。

事无绝对,有钱的日子或许会更好,但没钱的日子也不一定不快乐;从前的爱情或许无法取代，但并不代表再不会有新的爱情产生。问题在于我们怎么看问题，怎么去感受问题。如果从这个角度来讲，美丽也可以有很多种，穿着华丽的女人固然美丽，但从内到外洋溢着幸福的女人更加动人。所以，想要为城市增加一道更靓丽的风景，不一定要比物质，而要比的是心情，不要让那些无谓的攀比把你推向烦恼的深渊，让原本快乐幸福的你失去更多！

量入为出，享受有节制的快乐

女人都是爱漂亮、爱美丽的，每个女人都希望自己的美是无以比拟的，所以也都愿意为自己的外表一掷千金，可是这个世界上，无论什么东西都没有最好的，如果所有女人都把自己的经济收入投入到买衣服、买化妆品上，那生活势必会一团糟，到最后外表的漂亮是拥有了，可却给生活带来了数不尽的烦恼，这岂不是得不偿失吗？所以，真正幸福的女人是懂得量入为出、懂得享受节制的快乐的女人！

李雪是河北一家外贸公司的行政经理，她月收入在8000元左右，在当地可以说是一名高级白领了，她每个月都要去享受高档次的按摩、美容，而且她的所有消费都是高标准，她的化妆品全部都是国外进口的品牌，她还办了好几张信用卡，她穿的是名牌，用的是名牌，而且她买了一套130多平方的大房子，拥有了自己的小轿车，现代生活的享受是应有尽有，而李雪也沉浸在这样的生活享受里，乐不思蜀。

但是2009年的一场金融危机使得李雪工作的外贸公司倒闭，李雪也被迫失业了，一时间许多工厂企业破厂倒闭，即使幸免存活下来的企业公司也都在裁员。李雪已经过惯了那种悠闲的生活，她不愿意屈尊到那些没有实力的小公司，所以她一时间也找不到工作，刚开始她也没觉得有什么压力，可是过了不久，她

有六Q的女人最好命

在失业前累攒的几万元的信用债务像滚雪球般越来越大,为了还清旧债不得不申请新的信用卡,不到两年内,欠下了7张信用卡及将近15万元人民币的债务。最后她不得不变卖了房子还债。最终,她无力承担所有的压力,独自回到了家乡小镇。

其实,在现在这个社会谁都有可能下岗,谁都有可能走背运。李雪的实例给人们最大的一个警告是:人生的每个阶段,不论阴天晴天,都要量入为出,好年景时也要学会理性消费。

我们可以将收入比作是河流,财富是水库,花出去的钱是流出去的水,要想将流出去的水再收回来谈何容易?所以一定要养成量入为出的良好习惯。因为最终决定财富的不是收入,而是支出。不论你多有钱,如果你无度地去消费,迟早会变成穷光蛋。

但就精神而言,人本身最凶恶的敌人就是欲壑难平,人的欲望就像是一个氢气球,会随着时间的推移不断地膨胀,对于女人来说更是,女人的欲望与生俱来,它原本就是生命里最难控抑的一簇孽火。寡欲则刚,无欲为神,善于抑制诸种诱惑者,才不至于在物欲横流的大潮里变作沉浮的泡沫,而且有希望成为对社会有益的人。其实每个女人都是爱美的,但是我们不能为了美就无节制地奢侈消费,不是有人说过吗:女人美不美不在于外表而在内心。女人是感性动物,在乎的是直观感受,所以很多女人都会追求名牌、追求奢华!可是在追求的过程中我们却忽略了自己的经济实力,久而久之就会形成一种恶性循环,让自己背上一副沉重的枷锁,生活的美好也就一去不返!

如今的社会不再是男权的天下,女人可以有自己的收入,可以有自己的生活选择,所以越来越多的女性开始追求自我、追求时尚、追求奢华。但在这过程中,我们要清楚地认识到消费是有节制的,不是盲目的。在追求自我的同时要学会节制,节制是一种能力也是一种理性行为,其基本方法就是进行自我说服,调动理智的力量来自觉规范自己的言行,对欲望进行必要的约束。

当代女性在经济能力提高的同时也要注重理性消费。要正确看待自己的经济能力,即使你的老公很有钱,你的父母也很有钱,你也要正确对待消费,切勿盲目追随,我们说过财富不是由收入决定的,而是取决于支出,如果你不懂得量入为出的道理,即使你有一座金山,总有一天也会被你的过度消费所吞噬。

欲望之贪婪使人放纵,其膨胀而至于任性。恣意放纵欲望历来是人生的最大过失、最大祸害,而天下又有多少人明白这个浅显的道理呢?不明此理,与"节制"二字也隔一道鸿沟,始终无缘。作为女人要学会控制自己的欲望,学会让资金变成资本,而不是让金钱变成负累。如果你每天都只有10元钱,而你却把这10元钱拿去买15元钱的东西,天长地久,你每天的10元钱都在填补你前一天的开支,这样下去,最后你必定是越欠越多,生活原本可以很简单快乐,而你却让它变成了你心灵上的负荷。

其实对于女人来说,生活的美好不是在于你用多昂贵的化妆品,穿多么华丽的服饰,享受多么高档次的服务,也不在于你吃遍天下山珍海味,而在于你每天都有5元钱的剩余,在于你每天都有一定的结余,在于你节制生活的快乐!

背不动的"黑锅",不要因为心软而忍耐

在感情上女人总是会心软,有时候明明自己已经不爱了,可是面对对方的哀求总是会一再地放弃自己的立场,其实爱与不爱都没有错,对女人来说最重要的是要自己活得快乐,对于那些自己背不动的"黑锅",不要一味地忍让和妥协,该放弃的时候就要学会放弃!

"乐乐你不要走好不好,我下次改,一定改,你相信我,再给我一次机会好不好?"徐林跪在自己女友面前声泪俱下地哀求。

乐乐已经记不得这是第几次徐林跪在她面前向她忏悔了。乐乐和徐林是从小一起长大的,后来他们一起来广东打工,刚开始徐林很有干劲,乐乐也觉得很满

有六Q的女人最好命

足,虽然他们两人租住在一间10多平米的平房里,但乐乐心里还是很幸福的,可不知从什么时候起徐林迷上了麻将,刚开始乐乐也没有怎么在意,觉得徐林可能只是无聊凑凑热闹!可一天早上,乐乐和徐林还在睡觉,突然有人"哐哐"砸房门,徐林从睡梦中醒来,懵懵懂懂地去开房门,刚打开房门就被别人一把推了进来,徐林定了定神,一看原来是曾哥,就忙赔着笑脸说:"曾哥,你再宽限几天,最近手头有点紧,完了一定还!"可那个黑脸的男人不由分说地就把拳头挥向了徐林,随后黑脸男人在身后的几个彪形大汉把乐乐和徐林住的屋子砸了一通,此后经常有这样的人上门讨债。其实这些人都是徐林的债主,是徐林在外面欠了赌债,刚开始乐乐还在努力地帮着还债,可慢慢地,徐林欠得越来越多,乐乐也实在承受不起,她劝说过徐林好多次,每次徐林都说要改,可话说完不到3天他还是会去赌博。

就这样随着时间的推移,乐乐不想再这样生活下去了,她决定离开徐林,所以在她提出分手的时候,徐林又一次跪在了她的面前,这一次乐乐还是心软了,她再一次地原谅了徐林,可是徐林也并没有因此而改邪归正,他还是每天趴在麻将桌上做着他的发财美梦,而乐乐呢,巨额的债务压得她喘不过气来,她很想放弃,可是每当她想起徐林跪在她面前声泪俱下的样子,她又忍不住心软。

其实1000个女人中,有999个在爱情中心太软。很多女强人,她们可以率领千军万马渡过公司的经济危机,可以在菜市场指着鼻子骂着不小心撞到她又没说抱歉的人,可是对自己爱过的男人总是心太软,弄得自己哭也不是,笑也不是,进退两难。心太软,或许是善良,但你却忘了,你对自己很残忍。耗了许多时光,走一条泥泞又没尽头的路,让他对你的伤害重复又重复,从来没有考虑你的真正感觉,恣意挥霍你对他的纵容。心太软,是因为我们从小被期许,也喜欢强调自己心地善良,竟在爱情中也以为不断吃亏忍辱,还是值得拿出来换一份真正的感情!却没有人感激你。而且,他会忘了自己是个大人,不该耍赖了。就像我们上面提到的徐林,面对乐乐一次又一次的原谅,他并没有悬崖勒马,而乐乐也因为心软使得自己背负了越来越沉重的包袱,因为心软而忍耐,却最终让自己失去了原本的快乐和幸福。

有些女人往往因为心太软，明明知道这么做并非自愿，却舍不得对不起对方无微不至的关心和道歉，而让他的爱变成毒液，腐蚀自己对生命的耐心。他一错再错，一再借各种方式展示他的控制欲，你都会帮他以各种理由合理化，直到有一天，忍无可忍，变成只要看见这个人你就想逃走；只要他在你身边，你的胸口就被乌云笼罩。有一天，你会悟到，他对你的伤害有多深多重，可是他不愿走，他习惯了这样，或根本就误以为你是快乐的。他没有体会到，自己的某些行为令人难以忍受，只因你从未告诉他，他还沐浴在你的宽宏大量里。真正的感情，不是勉强，任何一个人都不能被勉强。我们爱一个人，不能只因为心软。爱错了人，不能心软，心太软，无法保护自己也无法保护爱。

女人不要把自己当做救世主，也不要自以为你的心软能换回男人的感激，不会的，男人不会因为你曾原谅过他的过错而更爱你一点，也不会因为你曾对他心软而感激涕零，女人也是弱者，在原谅对方的时候别忘了问问自己内心的感受，爱他并不等于可以纵容他，如果他给你的负累已经远远地超过了你的承受力，那你就毅然地离开，不要心软，记住对那些没有良心的男人心软就是对自己最大的残忍。爱一个人也需要方法，一味地谅解会让对方忽略你真实的感受，你的原谅只是想给他一次机会，可他觉得那是你可以接受的幸福，久而久之你们之间的感情就会错位，所以在你无法再承受那些"黑锅"的时候，就不要再因为心软而忍耐！

遇事稳住心神，"随大流"不是犯错的理由

女人在职场上，面对某些诱惑的时候总是会左右摇摆，明明已经拥有了属于自己的东西，可当看到别人都去追求别的生活时，也总是会放弃自己的而跟随别人的脚步，最后既没有得到自己想要的，也失去了自己曾今拥有的。其实，真正

有六Q的女人最好命

的职场女强人懂得遇事稳住心神，不会把"随大流"当做自己犯错的理由。

小雪是一名名牌大学的毕业生，学的是金融专业，她一直都很想到外贸公司去上班，因为在她看来，好多在外贸公司上班的都是名牌大学的毕业生，而且在外贸公司不但待遇好，发展前景也很好，一天，她从一张报纸上看到，当地一家很有名气的外贸公司在招聘经理助理，小雪仔细看了一下招聘要求，发现自己的条件完全符合，而且公司的待遇和各方面的条件都是小雪所一直期待的，所以她决定去应聘。

小雪很幸运地被这家公司录用了，上班后小雪觉得很有发展前景，她在工作上也是尽心尽力，过了不久，小雪的大学同学玲也通过公司应聘进入了这家公司，小雪对此很是高兴，认为在这个人生地不熟的地方终于有了一个可以和自己说知心话的好朋友了。小雪和玲每天一起上班，一起吃饭，过得很快乐，可有一天玲突然对小雪说："雪，我打算辞职了，我联系了一家跨国公司，待遇很优厚，而且发展前景要比在这里好很多。"小雪听完后先是一愣，然后不假思索地说："我和你一起去吧，在这里我也觉得没什么发展机会，既然那是跨国公司，那就一定会很有前途。"

就这样小雪跟着玲一起来到了那家跨国公司，可是进入公司不久后，小雪就发现其实现实远远没有想象的那么美好！这家公司的主要业务是传媒，而这也正是玲的专长，所以玲在这里是如鱼得水。而小雪学的是金融，对于策划她根本就是一窍不通，不论是在工作上还是在生活上小雪都觉得力不从心，最后她实在不能支撑下去了，所以也就辞职离开了！

人生对于我们每个人来说都是一场舞台剧，也许在你看来别人舞动的不止是激情还有机遇，可是在别人看来，这些都只是在按照他们自己的能力、自己的兴趣所谱写的属于他们自己的生活。女人是感性的也是冲动的，有很多时候也许会因为头脑发热而作出草率的决定和选择，就像小雪，其实当初她如果当初可以踏踏实实地在那家外贸公司上班，也许现在的她已升职为总经理也不是毫无可能，可是她却偏偏在关键时刻选择了随波逐流，跟随别人的脚步来选择自己的生活，最后只会输得很惨！

女性不论是在职场还是在情感上，大多都喜欢"随大流"，有的女人看着别人的老公男友对他们的太太爱人温柔体贴，也就想训化自己的老公男友像他们那样，以他们那种温柔体贴的方式来对待自己，如果他们做不到，女人们就会像个怨妇一样对着自己的老公男友大吼大叫，其实她们却不知道，在她们看来是好的方式，但在别人看来却又是一种负担。在做事或处理感情的时候女人要学会稳住心神，不要一味地随波逐流。

俗话说："行路难，不在水，不在山，只在人心反复间。"人为万物之灵，最难管的是心神。稳住心神，可能是世事洞明的坚守，也可能是胸怀豁达的放弃；可能是专心专注的沉酣，也可能是一丝一毫的不染，女人要懂得放弃，学会取舍，如果你什么都想要拥有、都想要得到，那你失去的将会更多，遇事要懂得沉稳，不要一味地随着大众的标准来选择自己的生活目标，每个人都有每个人的幸福和快乐，别人拥有的不一定就是自己需要的。

而稳住心神需要韧性的坚持。韧，柔而固也。固而不柔则脆，柔而不固则弱，柔而固则韧。韧，表现为人的秉性，即锲而不舍的恒心、百折不挠的意志、奋斗不息的精神。女人也许在这方面是比较欠缺的，柔是女人的天性，也是女人的本能，所以这一切就注定了女人在遇到事情时容易"随大流"。

生活中有很多诱惑，也有许多陷阱，在面对这些事情时尤其是女性更容易被冲动蒙蔽双眼，事后也许女人们会觉得后悔，会觉得是自己当时追逐别人的脚步所犯的错误，而事实上呢？问题的根源并不在这里，真正的原因是你自己在处理事情时没有稳住心神，是自己太冲动、太急躁。凡事都它自己的定律，女性朋友们在遇到事情时一定要记得多思考、多研究，不要急于求成，别人的选择始终是别人的，你要有自己的定位、自己的思维，切记遇事一定要稳住心神，不要让"随大流"成为你犯错的理由。

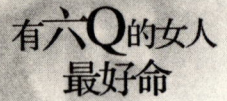

第二节
你误了，也许你就悟了

女人总会显得犹豫不决，但男人往往会抓住机会主动出击。机会主义的男人有时也确实能给女人一个意外的惊喜，但更多的时候他们并不想为自己的一时冲动承担任何责任。他们利用自己的金钱不断制造艳遇，只是出于一种好奇心理，艳遇的次数往往作为他们体现"成就感"的标准。所以，女人，在自己最脆弱的时候，不要轻易地走进别人设置的情感陷阱。

有些事情是不能妥协的，迁就只能让伤害变本加厉

在有些方面女人永远都是弱者，不懂得保护自己、不懂得反击，在面对伤害时总是一味地妥协退让。有时候，也许女人觉得一时的忍耐会换来长久的平静，可事实上并非如此，面对那些心存恶念的人，你的忍让迁就只会让他对你的伤害变本加厉。

在电视连续剧《女人不再沉默》中，时尚生活周刊的主编王显声见到刚来报社上班的大学毕业生苏静长得漂亮，就总是想方设法地靠近苏静，想占苏静的便宜，刚开始苏静并没有觉得有什么，慢慢地，苏静觉察出了主编王显声的不轨企图，当她把这些告诉给同是报社记者的金丽丽时，金丽丽并没有多大的反应，后来苏静才知道，原来金丽丽也一直在被主编王显声骚扰。

金丽丽家里比较贫寒，很需要这份工作，所以对主编王显声的骚扰也一直是

敢怒不敢言，此后苏静毅然地辞了职，她打算写一部关于反映女性被骚扰的深度报道，苏静准备把性骚扰和性暴力联系起来，深入地揭示一下女人不敢把受到的伤害公之于众的深层原因。最后苏静的文章发表了，在社会上也引起了一定的反响，在电视剧结尾，虽然坏人都受到了法律的严惩，但是其中的含义还是值得我们深思的。

其实这些并不是这部电视剧的全部内容，在这部电视剧中也穿插了很多其他的事件，比如斯道兰的女儿斯甜甜被人侵犯，还有人会在晚上偷拍男友与朋友亲热，这些画面都很值得我们思考。在电视剧中为什么金丽丽面对主编的骚扰敢怒不敢言，真的只是害怕失去工作吗？而斯道兰的妻子为什么又要阻止自己的丈夫运用法律的武器来制裁侵犯女儿的凶手呢？这一系列问题的根源究竟在哪？

其实问题的实质就在女人本身。在现在的社会，很多女性在面对此类事件时一直都在妥协，因为在她们看来这种事情很不光彩、很丢人，所以每次当不幸发生的时候她们都只是一味地忍让、妥协，而恰恰就是这种忍让和妥协，使得别人对自己的伤害变本加厉。

在电视剧《女人不再沉默》中，报社记者苏静面对主编的骚扰并没有妥协，更没有忍让，而是运用法律的武器保护了自己。作为女人，在面对伤害时，也不能妥协和退让。女人都要学会保护自己，在面对伤害你的人时，要大胆地运用法律的武器来保护自己，不要也不能妥协，因为迁就只会让伤害变本加厉。

男人是雄性动物，也是感官动物，男人见到漂亮女人就会本能地多看两眼，而有些男人却不是仅仅多看两眼么简单。有些时候在面对这种男人的时候，女人就要学会坚决地说"不"。如果你第一次对他们妥协了，那他就会伤害你第二次、第三次，所以女人一定要把男人的不良企图扼杀在摇篮里。虽然在体力上女人会输给男人，但在心理上女人一定不要向男人妥协，女人的妥协和退让不是对自己的保护，相反，它恰恰会助长别人对你的伤害。

回过头想想，在生活中，似乎女人的软弱和妥协也并不是仅仅表现在对待性侵犯上，也有很多时候在面对别的很多事情时，女人也同样会因为这样或那样的原因而放纵那些所谓的"坏人"。可如果女人自己也真的把自己当作是弱者，那么在自己面对别人的伤害和骚扰时，自己就只会妥协和退让。其实在生活中，面对很多事情，女人是不可以妥协的，因为你一味地妥协和退让，都只会让对方对你的伤害变本加厉。

作为女人，首先要学会自己保护自己。很多时候，女人如果能够在自己面对不幸和骚扰的时候，可以毅然地拒绝，那你就会真正的保护自己。就像《不要和陌生人说话》中的梅湘南，如果她当初在面对安嘉和的家庭暴力时，不是以妥协的态度面对，那她自己也不会经历那么多的折磨。

生活对任何一个女人都是公平的，在很多人看来，有的女人一生都是神采奕奕、笑容满面，而有的女人却是终日以泪洗面、愁眉苦脸。这样的差别不是因为上天赐予了她们不一样的生活，而是她们在面对自己的生活时懂得运用生活法则，她们不会给那些伤害自己的人留任何的回旋余地，她们不管是面对伤害还是面对诱惑都会坚定自己的信念，都会将这些"不速之客"远远地拒之门外，更不会给自己任何妥协的机会，她们不会让一时的伤害变成永久的痛苦。因为真正幸福的女人在面对有些事情时，懂得不妥协、不退缩，更懂得迁就让伤害变本加厉的后果。

不随便拒绝人，也不随便答应人

女人是感性动物，在情感面前尤其如此。

姚岚和张泽是大学同学，毕业后，都留在了上海。张泽一直暗恋姚岚，把姚岚看得比他的生命还重要，想通过自己的努力赢得姚岚的爱，但姚岚却把张泽只当做朋友、人生中的挚友，多次拒绝张泽的求婚。天生丽质的姚岚很快有了工作，但她的感情生活却是一片空白。她在这繁华而充满诱惑的城市感到无比寂寞，只有靠努力工作来填补情感的空白。

有一天，她接受领导的临时决定去广州出差。也就是在那次出差，她认识了刘伟。他们在火车上聊得很投机，两人都有相见恨晚的感觉。也是刘伟的幽默风趣，给姚岚留下了深刻的印象。也许是姚岚看惯了男人虚伪的表白，和用金钱来买爱情，她对刘伟挺有好感，他们彼此都留了联系方式。这样他们就开始了一段异地恋。

姚岚每天都能接到刘伟的电话，在电话中姚岚把生活与工作中的不愉快都尽情地向刘伟倾诉，刘伟也耐心地倾听，并分析劝慰。姚岚也慢慢地觉得刘伟是个难得的好男人，这样他们过了一年。姚岚觉得在生活中她已经离不开刘伟了，只要一天接不到他的电话，她就会心烦意乱，干什么都无法专心，直到有他的消息。就在过情人节这天，她接到了刘伟的电话，说要给她一个惊喜。下班后，刘伟出现在了门口。这对于姚岚的确是一个惊喜，姚岚度过了她人生中的第一个情人节，也就是在这次约会，姚岚答应了刘伟的求婚，并答应辞职去刘伟所在的城市。可是，婚后的生活却出乎姚岚的意料。刘伟不再是那个无微不至、视她为唯一的人，相反，一有不顺心就对她拳脚相加，专横跋扈，唯他是从。最后，姚岚无法忍受，提出离婚，在几经波折后离了婚。但姚岚已是伤痕累累，不敢再谈感情。

女人在情感和物质面前，可能更在乎前者。如果姚岚不是因为自己对情感太过感性，也不至于在短暂的交往，甚至根本就不了解刘伟的情况下答应嫁给刘伟，而对知根知底的张泽却轻易地拒绝。也许，张泽不是她理想的情侣，但张泽是真诚她爱她，对她的爱毫不掩饰，而刘伟却用尽了心机骗取了她的爱。一时的选择却毁了她一生。

如果现在有两个男人同时向一个女孩求婚，第一个男人保证让她无忧无虑地生活，第二个男的说："我什么都没有，但我可以很努力地工作让你幸福。"那么该拒绝谁呢？是的，这样的难题可能会困扰许多女人，物质和情感不可兼得，无论怎样的选择都会使女人受到伤害。拒绝第一个男人，选择另一个，那么她只能忙忙碌碌，没有锦衣玉食，但能够甜甜蜜蜜地，平凡地过一生。可要是答应第一个男人，拒绝第二个男人，过上贵妇人的生活，这种生活只能甜蜜一时，终究内心的空白无法用物质来填充。

一个女人一时的选择，可能会决定她一生，轻易地拒绝和答应，都要付出相应的代价。拒绝与答应请每个女人都慎重。在现代社会，女人要想幸福，除了在物质上有优越感，还要有自己的感情寄托，在现实中很难两全其美，那么你的选择，是对你人生的选择，那么对你的选择，请你负责。

一个成熟的女人知道自己需要什么，怎样在情感和理智之间寻找平衡。确实，在形形色色的诱惑面前很难有自己正确的选择，往往会把现实的残酷被眼前短暂的快乐所忽略。但她们有一天被惊醒时，却发现自己已经没有回头路了，后悔自己轻率地决定，亲口拒绝了给她们幸福的人，接受了痛苦。可是，现实如此，她们只能认命。其实，也许把拒绝和答应放在自己理智的情感上，也许是一个女人最明智的抉择。

别因为好奇而接近危险人物

好奇是人的本性，而女人对好奇却是情有独钟。很多时候，女人都会下意识地想要刨根问底，也都会对自己好奇的事紧抓不放，可是有时候就会发生"好奇害死猫"的悲惨景象，有的女人，也正是因为自己的好奇而让自己的人生变得不再完美。

李璐在一家外贸公司工作，人长得清秀可爱，而且也很有气质，唯一不好的一点就是好奇心很重。李璐因为自己的好奇心曾得罪过同事，甚至有一次，李璐由于对老板家庭环境的好奇，使得她差点丢了工作。

其实，李璐虽然好奇心重，但在工作上还是很认真努力的。李璐在公司工作了两年多，从来没有休过假，最近由于她完成了一笔很大的订单，所以公司给李璐批了半个月的长假。

李璐在家休假的日子里，每晚都总是会上网转转。一天晚上，李璐QQ上的一个头像一直在闪动，李璐打开一看，是一个不认识的人在与她打招呼。李璐正在干别的事，于是就没理。那个人看李璐没有回应，就又给李璐发了一条信息：不理我了？这时候李璐竟然鬼使神差地回了一句：没有，我在忙。

第二天，李璐上网的时候，又碰到了昨天和她打招呼的那个人。对方又主动向李璐打招呼，而且李璐发现对方好像对她比较了解，但她却完全想不起来会是谁。就在李璐对这个神秘人物越来越好奇的时候，对方又发过来一条信息，他提示李璐，他们在某一年的夏天聊过。而且那时他正在装修房子，而李璐给他热心地提了不少好建议。

正是这样的话，大大地激发了李璐的好奇心，一连几天，李璐都会在QQ上等待这个人的出现。就这样两个人在网上一聊就是好几天，从两个人的交谈中李璐得知，对方现在正在天津出差，一个月后会回武汉，而且李璐也被这个人风趣的语言、很有内涵的表达深深地吸引了。面对这种情况，李璐突然有了想和对方见面的冲动，于是就试探性地向对方发出了邀请：回武汉后我们见一面吧，加深印象。让李璐没想到的是对方很爽快地就答应了。于是他们彼此就给对方留了联系方式。

一天，李璐的电话响了，接通后李璐发现正是那段日子一起在网上聊天的那个男人。对方告诉李璐，他已经从天津回来，想问问李璐最近有没有时间见一面，当时李璐在好奇心的驱使下，竟然丝毫没有犹豫，就答应了对方。而且双方约定在当周周末，在一家咖啡厅见面。

李璐在心里是很期待见面的，以至于她自己觉得那一周的时间过得相当的漫长。见面那天李璐精心打扮了一番，来到约定的地点。

李璐和对方在咖啡厅见面了，在两个人的交流中，李璐得知对方叫方怡，现在也在一家外贸公司工作。两个人喝过咖啡后，还一起吃了晚饭，在结账的时候

有六Q的女人最好命

方怡很大方，也很有绅士风度。这一刻，李璐深深地被方怡吸引了，她见到面前真实的方怡，反而对他的一切更加地好奇。

自从这次见面后，李璐总是会有事没事地给方怡发一些祝福的短信，就这样两个人的见面次数越来越频繁，李璐对方怡的好感也与日俱增。一天傍晚，方怡打电话约李璐见面，李璐很高兴地欣然前往。

到了约定地点，李璐发现方怡一脸的无助。于是李璐询问发生了什么事情，刚开始方怡不愿意说，在李璐的再三催问下，方怡告诉李璐，由于自己的一次失误，使得公司损失了很多钱，老板一气之下把他开除了，而就在这时候，他的母亲又住院了，需要很多钱，可他自己也没有多少积蓄。听完方怡的话，李璐居然不假思索地说："我有，我可以帮你。"方怡听完这话，感激地看着李璐，并一把把李璐拉到了自己的怀里。

就这样，李璐由于自己的好奇心认识了这个男人，又由于自己的同情心向这个陌生男人伸出了自己的钱包，更让人没有想到的是，李璐居然把自己的"第一次"也毫无保留地奉献给了这个男人。

自从李璐把钱交给方怡之后，方怡就彻底地从李璐的生活中消失了，李璐打他电话，结果关机，上网留言也没有回应。就在李璐觉得自己可能被骗了的时候，竟然发现自己怀孕了，一时间李璐犹如五雷轰顶。

其实，并不是说李璐有多傻，重要的是她自己的好奇心太重。对于网络上的陌生人，李璐居然会想对对方一探究竟，最后搞得自己是"赔了夫人又折兵"。网络中存有太多的虚假信息，有很多女人都因为一时的好奇心而落入别人的陷阱，到最后悔不当初。

作为女人，千万不要对无聊的人存有任何的好奇，要时刻提醒自己"好奇害死猫"。男人是最容易引发女人好奇心的。想看看他究竟是一个什么样的人，背后有着什么样的故事。征服优秀的男人也比得到一个普通的男人更容易让女人有幸福感。可是，一个女人靠好奇获得的爱情真的可靠吗？试想，如果李璐不是因为好奇，就不会因为网恋而使自己受到莫大的伤害。

是的，现实中我们找不到情感寄托，就寄情于虚幻的网络世界。女人的情感脆弱，使她们隐藏自己、压抑自己，一旦找到出口，会毫无保留地释放。好奇心是这种情感的催化剂，它不但使女人走向深渊，会使她们对爱有恐惧，把自己更封闭于狭小的世界中。而且世界上没有一种幸福是会建立在对好奇心的满足上的。顺着好奇心的追逐走下去，你看到的只会是比你想象中更残酷的事实、更无情的人。

无聊的事情，一次也不要尝试

女人，是弱势群体。在当今时代，虽然女人的地位在逐渐提高，和男人可以享受同样的待遇，但仍是一个弱势群体。这种地位是需要女人努力拼搏的，然而，现在的大多数女人，只知道去依靠男人来存活，却从不吃点苦、下点功夫，无聊的时候就去逛逛街、看看电影、唱唱歌、拉拉家常。

女人，作为社会上的一个特殊群体，有着不同的责任与义务，但也有上帝赋予自身的发展潜力，去充实自己，实现人生的精彩，也扛起了半边天。往往在所有的女性当中，有一部分女人靠自己的智慧和双手创造出了令人骄傲的业绩，赢得了所有人对她的敬佩。大多数女人都安于现实，平淡地过着乏味的生活，还有的做着那些让人无聊、嗤笑的事。

小丽今年只有18岁。18岁的眼睛本来有着青春的骄傲，可是这令人羡慕的骄傲在小丽的身上早已荡然无存，是毒品将小丽青春的骄傲一扫而空。

小丽正在上高中，学习成绩很好，而且她还是班里的学习委员。小丽的爸妈开了一家小公司，生意很好，所以小丽的家庭条件也很优越。面对这样的环境，也许人人都觉得小丽应该是生活在天堂里的小公主，其实不然。

小丽是有很好的家境，而且自己在学校老师眼里也都是出类拔萃的学生，可

有六Q的女人最好命

是小丽也有自己的寂寞和无聊。小丽是家里的独女，而且她的父母整日忙于公司生意，根本就没有时间照顾她，在她爸妈的眼里，只要给小丽足够的零花钱就可以了。可小丽要的不是这些，她需要朋友，需要别人的关心和照顾。

由于小丽比较寂寞和无聊，在无意中结识了一帮"红男绿女"。自从认识了这些人，小丽觉得自己过得很开心，小丽的这帮朋友总是带着小丽出入一些高级场所，而费用也自然由小丽支付，即使这样，小丽也还是乐此不疲。

有一天，小丽和这些朋友来到一家娱乐会所。在这里小丽和朋友们喝酒、唱歌、蹦迪，玩得都很高兴。就在大家都兴致高昂的时候，其中的一个男生站起来说："我有一种很神奇的东西，用了之后一定会让你们有飘飘欲仙的快感，有谁想尝试一下？"说完后，很多人都围上去伸手要。待大家都静下来后，小丽才发现，原来是一种像香烟一样的东西。而且大家用完后确实好像很美好，慢慢地，很多人都闭着眼睛靠在沙发上沉醉了。

这时候，小丽百无聊赖地坐在那里玩手机，其中的一个男生对小丽说："小丽，你也试试，反正也都没有事做，大家都是朋友，有福同享嘛！"小丽心想，反正一个人也无聊，就接过了对方递给自己的那根很像香烟的东西。

小丽自从抽完这一口，就再没有停止过。后来小丽慢慢知道了那个东西就是所谓的毒品，可这时候的小丽已经到了欲罢不能的地步了。慢慢地，小丽问家里要的零花钱越来越多。这时候，小丽的母亲感觉出了小丽的异常，有一天，在她替小丽收拾屋子的时候发现，小丽的被子下藏着那种很细很长的烟，顿时她全明白了。

后来，小丽的父母含着泪水将小丽送进了戒毒所。小丽进到戒毒所后，感到非常的后悔，天天哭，把眼睛都哭肿了，还央求放了她，她保证不再吸毒了。看到女儿的这种情况，小丽妈妈的心都碎了，一下子像老了几岁。

在女子戒毒所里，我们可以看到里面一格格柜子一样的房间和一个个刀子一样的铁窗。铁窗里是一个个萎靡不振、消瘦得变了形的人。从铁窗往里望，目光所及的是深陷毒海的他们。"人不是人，鬼不是鬼"，这是他们自己对自己的形容。骨瘦如柴、眼神呆滞、面无表情、五官变形、软弱无力、无精打采。

看到这么悲惨的现实,不论是女人还是女孩,为了自己,为了你的爸爸妈妈,都不要接触毒品,不要轻易地尝试!不要!永远不要!

女人是这个社会上的弱势群体,我们应该加强保护,但是,女人自己也应加强自律,不要因为无聊而轻易去尝试任何新鲜的事物。

作为一个女人,在无聊的时候就回家看看,年迈的父母需要你的关心,你的朋友需要你的照顾。还有许多有意义的事需要你去做,例如学习、读书、看报等,这些都可以提高你的修养水平,提升你的工作能力。

女人,无聊的事千万不要尝试,不要让好奇心作怪,也不要让无聊作乱,虽说感情有点脆弱,人在脆弱的时候可以尝试新鲜的生活,但坚定一个信念不动摇,做对自己有利的事,端正态度,保持好心态,确定一个目标,努力奋斗,实现人生的价值,赢得众人的喝彩,书写人生华丽的篇章。

别无选择时,也不能让自己一错再错

许多时候,女人在面对爱情时总是会被自己的那些所谓的天真弄得晕头转向。爱上了别人的老公还要为他生儿育女,这是怎样的天真呢?其实爱上别人并没有错,可是爱上有妇之夫就是你的错,更何况为他生儿育女,这岂不又是错上加错?爱情也好,婚姻也罢,作为女人都要有自己的原则和定位,不要一味地去追求那些虚无缥缈的东西,在自己别无选择时,也不能让自己一错再错!

如鱼是像莲一般的女子,一个人在武汉这座城市拼搏,凭借自己的坚持和执著,在这座城市有了自己的小窝,有了自己的事业,可在感情上如鱼一直是寂寞的,大学毕业的时候她和自己相爱了整整6年的男友为了工作而分手了,如鱼想留在武汉,想在这里开拓自己的事业,可她男朋友却想回到家乡,回到他父母身

有六Q的女人最好命

边，就这样两个人最终也没有达成统一，只好用分手来解决问题。

如鱼不是没有人追求，也不是对男人的条件太高，而是在她心里仍忘不了曾今的那个人，可如今时过境迁，如鱼以前的男朋友现在已成了一个1岁孩子的父亲，所有的一切似乎都无法再从头开始，可是老天爷似乎又在故意捉弄他们似的。

如鱼以前的男朋友林因为工作的原因被调到武汉，就这样他们又见面了，也许是曾今的旧情燃烧，也许重逢的激情使得他们两人又一次地拥吻在了一起，就这样一次、两次，如鱼心里很明白这样做不对，可是她却控制不住自己去想林，想林的吻，想林那温暖的怀抱，她很清楚自己已经欲罢不能了！这样的日子持续了整整半年。

半年过后，林接到命令说要回原单位，当林把这件事告诉如鱼时，如鱼哭了，哭得很伤心，她乞求林不要走，乞求林能够留下来陪她，可是林说："我已经结婚了，我们不可能再有机会，这半年你就当作是场游戏吧！"听到这些，如鱼整个人都瘫在了原地，可是林还是头也不回地走了，林走后不久，如鱼发现自己怀孕了，她发短信告诉了林，可林只是淡淡地说了一句："把孩子打掉吧，找个好男人嫁了吧！"看到这一切，如鱼声泪聚下，其实如鱼很想把孩子生下来，因为那毕竟是她和林的孩子，是她爱的男人的孩子，可是等如鱼冷静下来，她才明白，现在的她已经没有什么依靠了，如果再把孩子生下来，她的生活将会变得更糟，想到这，如鱼收拾了一下去了医院。

不错，女人在感情上往往是弱者，爱上一个男人，女人可以为他放弃一切，可以为他忍受一切，可是回头想想女人做了那么多，放弃了那么多，可结果男人还是不会领情，还是觉得你是他的负累，爱情付出与收获不会成正比，所以，女人爱男人三分就足够，留下的七分用来爱你自己。

女人要有现实的婚姻态度，女人不是活在假设里，就像如鱼一样，她很爱林，可以为了林放弃一切，可是在林心里最重要的还是他的家庭、他的妻子、他的孩子，这些才是林生命中最宝贵、最重要的，而对于林来说，如鱼也就只是一个过去式了。单相思的女人别让自己痛苦,如果他不爱你了,你就要学会放手、学会离开,不要在自己别无选择的时候再一错再错。

男人吃软,女人要懂得"示弱",别人的丈夫再好你也不要爱,别人的始终是别人的,如果你可以轻松地从别人手里夺过来,那这样的男人也同样会被别人从你手中轻松抢走,上天是公平的,是你的始终会是你的,不要再强求别人拥有的。要让自己懂得多一点,才能在今后的日子里为自己赢得相对从容的生活;尽早学得现实一点,寻找给好命积分的方式,不要等到人老珠黄后才幡然醒悟、泪水涟涟。爱一个人并没有错,可是爱的对象错了,那爱本身也就错了,不要一味地乞求对方的包容和谅解,不要因为爱他就轻易地觉得可以为他生儿育女,孩子是生命,不是东西,他也同样需要亲情的抚慰和滋润,如果你不能给他一个完整的家,那你就不要让他来到这个世界上,这样你就可以避免一些不必要的伤痛和挫折,使自己的人生之路更为顺畅。

女孩悲哀的命运,在于对世俗认识太晚,学会世故,意味着在现实生活里活得诚实,这个世界谁离开了谁都可以过得很好,不要老把自己局限在阴影里,爱上了一个有妇之夫,这并不是说就有多大的错,可是如果你在他抛弃了你、放弃了你之后,你还抱着那虚幻中所谓的爱情,为离开你、抛弃你的那个男人生儿育女,那你是不是太傻了呢?

不管是爱情还是婚姻,女人总是会有自己的想法和观点,爱上有妇之夫也许只是生活中的一个影子,很多时候我们女人都忘了为自己的幸福考虑,如果他已经不爱你,如果你们的婚姻已经是名存实亡,那就不要再让自己在错误的道路上越走越远,在自己别无选择的时候要懂得换一个角度,换一种思维,不要让自己一错再错!

有六Q的女人最好命

自尊与自爱，是女人好命的本钱

新版《西游记》中唐僧曾说，男人难过美人关，女人难过金钱关，也可解释为：男人有钱会变坏，女人变坏会有钱。现实社会中，的确存在此类人物，然而在花花世界的诱惑下，只要女人把持有度，坚守自尊自爱，战胜自己心理上和行动上的"关口"，又怎么会"变坏"？

现实社会真的很现实，钱让很多女人抛弃了本能的生活能力，走进让男人养的世界。当然好强的女人大有人在，但也是这些好强的女人在攀比着朋友间的生活质量，从而使自己的生活原态变了质。有人说：男人爱女人是种心理需要，而女人爱男人则是为了钱，为互相间的攀比，为了过上衣来伸手、饭来张口的无忧生活，走进不劳而获的男人世界是多么的不该。可是，如果女人真的放弃了自己的劳动本能，难道真的就可以过得幸福美满吗？我想应该不可能。

今天周末本想在家好好放松一下，小玲却接到一女友的电话，约在中午一块儿吃饭，本说只是她们俩，谁知多出一男人，搞得小玲很不自在，说实话，小玲很不欣赏她这样的做法，因为每次见她，她身边的男人都是新面孔，小玲突然发现她变了，变得让小玲不太认识了，谈话中，她的每句话都不会离开金钱与物质，让小玲有点不胜其烦，赶紧往嘴里填饭，以工作在身为由而道别。

女人请自尊自爱，是对所有女人说的。女人请安静，这也是对所有女人说的。只有自尊自爱，才可以让自己健康地生活。看到生活中的一些少女为了钱财而不惜牺牲自己的尊严，真的替她们难过。有手有脚，吃自己做的饭，花自己双手赚的钱，这样不是可以生活得很好吗？为什么要放弃劳动，为什么要贪图那不劳而获的安逸？女人，请别折腾自己。

一个女人可以生得不漂亮，但是一定要活得漂亮。一定要拥有自尊、自爱的意识，如果你是一个自尊自爱的女人，那你就是一个充满魅力的女人，是一个成功的女人！你就拥有了永恒的美丽。无论什么时候，渊博的知识、良好的修养、文明的举止、优雅的谈吐、博大的胸怀，以及一颗充满爱的心灵，一定可以让一个人活得足够漂亮、活得漂亮，就是活出一种精神、一种品位。一个人只要不自弃，相信没有谁可以阻碍你的进步。

女人要从人格与心理上做到自尊、自爱。首先自己尊重自己，才会得到他人的尊重。不要只做"花瓶"，"花瓶"也只是过眼烟云，随风而逝。得到了物质上的满足，坐上了宝马，住上了大房子，这是靠别人施舍来的。真的是幸福快乐的吗？为什么不选择靠自己的努力去创业，去获取物质的享受和精神的快乐呢？有的女人贪污腐败，不是贤内助，而是充当丈夫犯罪的保护伞，可谓丈夫是"搂钱的耙子，她是"装钱的匣子"。

女人，应该因为自己是女人而自尊、而自爱。女人上可以孝敬父母，为父母做力所能及的事情，下可以抚养儿女，为儿女添衣加菜。自尊自爱的女人，都有一颗爱心，爱父母、爱家庭、爱兄弟姐妹、爱孩子、爱朋友。把温暖送给所有的人，要善待自己、善待他人。要懂得珍惜感情、懂得投入感情。感情上要交相辉映，婚姻幸福美满，懂得相夫教子之道，在家庭生活中是孝女、是慈母、是贤妻、是朋友……

女人应该自尊自爱，只有自尊自爱，你才有享受生活真谛的权利，如果你只要做男人的"花瓶"，那么没办法，你继续；如果你想活出自己的价值，那么请拿出自己的勇气，跟懦弱说再见，找回自己的实力，跟依赖说后会无期。相信找回自信的女人，一样可以创造阳光灿烂的明天。

作为一个女人，一定要保持健康的心态、健康的身体。只有身心健康，才能容光焕发，有了容光焕发，工作才能得心应手，只要勇敢地面对生活，女人就一定能做到自尊、自爱，就一定能赢得他人尊重。

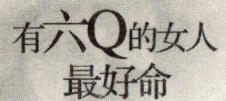

第三节
成功是最寂寞的坚守

做女人,无论是做人的原则,还是目标和理想,最终目的是安宁与快乐,这样才能达到人生幸福的最高境界。

要做一个快乐的女人,是需要一些原则的。"沉默者并非无话可说,而是要说的太多。"一个人即使沉默着,也应有从内心生长出来的力量,有始终不渝的固守与坚持,用以抵御外部的诸多纷扰。

合乎道德的决定永远是正确的决定

道德永远是人们关注的热点,不论是男人还是女人,道德是人们永远的底线。女性在职场上都渴望叱咤风云,有很多女人为了实现自己的目的而不择手段,有的甚至违背职场道德,这样的急功近利又怎么会取得好的成就呢?女人在职场上必须要学会的职场法则之一就是:合乎道德的决定永远是正确的决定!

王艳是一名刚刚从大学毕业的金融系高材生,她从小生活在偏远的山村,到大城市生活一直是她的梦想,她也一直在为此努力拼搏着。

毕业后的她选择留在了上海这座美丽的城市,她希望在这里能有自己的一片小天地,刚开始找工作的时候她一直盯着那些大的外贸公司或是跨国公司,可是这些公司企业的大门总是对她紧闭着,万般无奈之下,王艳只好选择了一家小一点的公司先屈尊着。

王艳在这家公司也很努力，因为她想升职，想坐到副总的位置上，只有这样才能实现她的梦想，干了几年之后，王艳也为公司创造了一定的价值，同样也得到了上司的认可和表扬，可这些都不是王艳自己所期待的，她想得到更多，因为没有人能够理解从小山沟里出来的她对金钱、对名利、对地位的那种渴望。

一次偶然的机会她遇到了一位曾经的学姐，这位学姐就是张雨，张雨现在正在一家外贸公司上班，而且前景很好，这时候张雨的公司正在打算吞并一家本地的小公司来扩大规模，而看好的恰恰就是王艳现在就职的这家公司。我们都知道要兼并一家公司，就必须要让这家公司先自己倒闭或是破产，为此就必须要有一个人在公司内部操作，在聊天的过程中张雨把这一情况和王艳说了，当时王艳很犹豫，她自己很清楚，这几年来公司老板对她也很不错，而且也越来越倚重她，如果她现在答应张雨的请求，那就代表她要背叛自己的公司、自己的老板，就在她犹豫的时候，张雨又说："如果你能帮我们拿下这家公司，就给你50万的酬劳，而且到时候公司的总经理就是你！"听到这话，王艳点了点头答应了。

后来王艳就一直在公司内部做手脚，不到半年时间，这家公司就宣布破产，张雨的目的达到了，而王艳也拿到了那50万，可是所谓的总经理也就只是张雨的一个诱饵，有哪家公司会起用一名曾经背叛过自己公司的员工呢？

其实，现实也是这样，没有谁会相信一个曾经背叛过自己的人会忠于别人。王艳得到了她想要的金钱，可是却失去了最起码的职业道德，也失去了让别人相信自己的可能，如果当初王艳可以坚持自己的原则，坚持自己最起码的职业道德，那最后她得到的将是一笔无法比拟的财富。

然而，当很多人看到利益、看到有钱可赚的时候，却没有看到这些光鲜的物质背后隐藏的伤害，在有些人眼里也许道德只是一时的法宝，玩在手里的一件器具，可以拿起来也可以随时放下。当交易合理认为值得的时候，道德立即贬值，甚至贬值到没有价值可以讲。就像很多已婚女性遇到一个大款，无法抵挡金钱的致命诱惑，为了金钱背叛很多人，背弃社会道德准则，背弃他人的感受，而她们最终的结果也许就是失去一切，一无所有。

有六Q的女人最好命

当然人性本就是自私的，利己是人的天性。自然女人也不例外，在作出某个决定时首先考虑到自己的利益。所以有时个人遵守某些道德并不一定符合切身利益，但是为了某种公共利益或是起码的社会道德准则，我们也应理性地遵从自己的决定，承担道德责任。只有这样才可以使我们的行为不受盲目的冲动驱使，或者最大限度防止自己遭受五迷三道的蛊惑成为牺牲品，最终作出富有智慧的决定。

就像苏格拉底的名言所说"美德即智慧"。当然把美德等同于智慧，可能是一种偏颇的观点。但是，也不可否认其中包含着一定的真理，因为任何道德准则都是由历史灿烂文化积淀而来的，它们都经历过活生生的现实生活的洗礼，说得简单点就是它们完全可以让人们当作是为人处世的模板来用。就像前面所说的那个女孩，如果她能够坚持自己一直以来所崇尚的道德模板，让自己义无反顾地拒绝诱惑，那她一定会得到最宝贵的财富。因此，对于一个现代女性，如何让自己的生活从厄运或是不幸中走出来，如何让自己过上想象中的幸福生活，那就要看你会不会学会用理性的道德观去作出理性的、合乎道德的决定了。

忠诚是最简单的处世智慧

只有忠诚的人才会被人们信服，这个社会对女人来说诱惑太多，可是即使是再大的诱惑，女性也应该学会忠诚，因为只有忠诚才会被别人信任，才会使你在前进的路上一马平川，忠诚是最简单的处世智慧！

李珊是个美丽大方的女孩子，从学校毕业后，她跟随自己的男朋友来到了广州这座既陌生又充满诱惑的城市。

李珊和自己的男朋友都刚从大学毕业，而且李珊男朋友的家庭条件又不是很好，刚开始两个人的收入也就只能勉强维持生活。虽然两个人的日子过得很清贫，但李珊的心里却是暖暖的，毕竟对女人来说，拥有一份属于自己的爱情是一件让人心潮澎湃的事情。

就这样，李珊和自己的男朋友在这座城市努力奋斗了两年多，积攒了一些钱，再加上李珊父母资助了一部分，他们两个人在广州为自己的新家付了首付。有了家之后，李珊和她男朋友决定结婚。

结婚很简单，没有奢华的婚礼，也没有美丽的婚纱，但李珊还是觉得很幸福。其实一些女人就是这样，在自己没有遇到更好的男人的时候，总会把眼前的男人当做天堂，可等到遇到另一道风景的时候，就会把什么责任、什么忠诚全都抛之脑后，李珊也是如此。

就在新婚的甜蜜还没有退去的时候，一位名叫风的男子闯进了李珊的生活。风不但人长得仪表堂堂，而且还有很好的家世，风会经常邀请李珊一起吃饭，会送很漂亮、很昂贵的礼物给李珊，面对这些，李珊突然觉得自己的丈夫什么都没有给过自己，哪怕是结婚戒指，也都是非常廉价的，而且现在两个人还要面对房贷的压力。

这就是现实生活中的一些女人，面对物质的诱惑永远都不会拒绝，李珊亦如此。她很欣赏风的大方，喜欢风的阔绰，而且她慢慢地已经沉迷在了风对她的物质满足中。最终她突破了自己最后的心理防线，她无可救药地被风的金钱俘虏了。其实风是爱李珊的，所以只要是李珊的要求，他都会满足，而李珊虽然和风发生了关系，但她爱的只是风的金钱。

这样的日子一过就是一年多，终于，风向李珊求婚了，李珊面对风手中光彩夺目的钻石戒指，彻底被击败了。就在李珊憧憬着自己美好的未来的时候，一场不期而遇的相见成为了她一生都无法挽回的错误。

一天，李珊和风在一家豪华饭店享用晚餐，吃过饭后两人相拥着打算去房间休息，结果就在两个人手拉着手、说说笑笑走出饭店大门的时候，李珊的丈夫因为宴请客户也在这家饭店吃饭，就这样的不期而遇，使得李珊的一切都成了泡影。就在这一天，李珊的丈夫知道自己的妻子在外面和别的男人保持着暧昧关系，也是在这一天，风也才知道李珊是有夫之妇。

回到家后，李珊的丈夫提出了离婚，原因很简单——李珊的丈夫觉得李珊对他们的婚姻不忠诚，对自己不忠诚。而那位风就更不用提了，自他知道李珊是在欺骗他后，不但向李珊索要曾经花在她身上的开销，一气之下，他还把整件事以匿名的形式反映到了李珊单位。

最终的结果可想而知，李珊失去了很爱她的丈夫，同时也被公司以"不忠诚于自己婚姻的女人，同样也不会忠诚于自己的工作"为由开除了。

其实对于很多现代的女性来说，背叛的原因都在于自身道德底线的关口没有把握好，当然，前提是她们没有遵循"背叛是不道德"的这个准则，就像李珊一样，如果她能够严守道德底线，就不会放任自己背叛，会用理智控制自己的行为，学会用忠诚的态度去维护自己的婚姻。

当然，这里所说的"忠诚"不仅仅体现在女人的择偶或是家庭生活中，同样，它在一个现代女性的事业生涯中也会起到举足轻重的作用。

就像在我们日常工作中，常常会有一些员工偷懒、不负责任，头脑里根本就没有把这份工作当回事儿，更不会把认真做事看作是一种神圣的使命。这种不具备认真敬业的员工，自然很难有成功的一天。而那些认真做事的员工，在工作上所表现出来的那种认真、一丝不苟，并且有始有终的敬业态度是值得称颂的，很显然成功也会离他们越来越近。而且在竞争激烈的社会里，可以毫不含糊地说，一个公司的存亡就取决于其员工的敬业程度。每个员工具备忠于职业的敬业精神所带来的最直接的结果就是企业的不断发展以及员工个人事业的成功。

总而言之，要想做一个既能生活幸福有能事业成功的女人，"忠诚"是你必不可少的智慧。因为不忠诚就意味着背叛，就会被看作是一个背信弃义的小人，自然也就会被社会所唾弃。

公私分明，便宜就是是非的根源

李珍在公司中人称"万人迷"，她也认为凭自己的美貌，什么事情都可以搞定。所以，她最受上司的青睐。她想凭自己与上司的关系，"我想怎样就怎样，谁能把我怎样？"在别的同事面前趾高气扬，不把别人放在眼中。

上班时间，她有意去接近上司，把工作上的事也不放在心上，只是把自己每天打扮得花枝招展，迎合上司。当然，有一次，公司要举办宣传活动，李珍自然是这次活动的策划者。可是，她对这方面一窍不通，这次活动对公司意义非同一般，她又不想失去表现的机会，平常其他的人对她都是敬而远之，没有人帮她，眼看时间不多了，她束手无策。于是，她使出自己的绝招。她向鹏求救，鹏是公司的策划师，她答应鹏只要鹏帮她，她就陪他一夜。没有不透风的墙，这件事不久就传遍了公司，她的上司自然也对她疏远了，处处刁难她，再加上同事们的嘲笑，最后她不得不辞职，落了个竹篮打水一场空，还背了一身骂名。

这个故事仅仅体现了一个现代女性如何在职场上做到公私分明的问题，能发挥女性的优势，左右逢源，提高工作效率，是所有现代女性所共同面对的问题。可就从这个问题上反映出了一个对现代女性至关重要，也很值得现代女性关注的问题，那就是"作为一个现代女性，她们到底该如何在生活以及事业上做到公私分明呢"？

从古至今，任何人，要想做到公私分明，首先就要做到不贪图不属于自己的便宜，因为"便宜"在很多时候就是那些是非的最终根源。正所谓不贪不占，是非与自己无缘。生活中人人都想不劳而获，天上掉馅饼。尤其女人，出卖自己的美貌、身体，不付出就达到目的，轻而易举地步入上流社会，过上富足奢华的生活。

有六Q的女人最好命

一个人凭努力获得成功，受人敬佩，企图寻找捷径，那么你的成功只能是短暂的。

惠刚大学毕业，时尚、充满活力，在一家公司当了文秘。

由于在工作面对许许多多的应酬，所以惠在工工作中压力很大。上司也对她不怀好意，总是有意无意地给她暗示，还许诺，只要惠做她的情人，就给她公司20%的股份，还给她一幢别墅，惠坚决地反抗，说她只负责把工作做好，这引起了上司的不满，最后，惠选择了离开。

虽然这是一个故事，但内涵却可以让我们理解不贪不占、公私分明的真正含义。这是很值得现代女性，尤其是想在事业和家庭上都如意的女性学习的很好榜样。

人人皆有欲，但人人都应该牢记，有欲需有度，如果人人都能把自己的欲望控制在别人能容忍的范畴之内，做事情要有度，不要贪图便宜，站稳自己的立场，在便宜面前分清公私，不是把奢望换成希望，只要努力就能成功，从此将变得更美好、更绚丽。

简言之，无论何时、何地、何事，你只要能够做到不贪不占，远离"便宜"这个是非的根源，你就能明白什么才是真正的公私分明，自然也会得到公私分明给你带来的无穷益处，享受一个幸福女人应有的甜蜜生活。

即使在背后也不贬损他人

人各有不同，各有处世为人的风格，不要强求别人跟自己一致，更不要在背后贬损他人。

记得在电视剧《别对我说谎》里，有这样一个女孩：她长得很漂亮，是市里有名的青年舞蹈队的队员。可她竟然爱上了自己的亲姐夫，但是她并不是爱她姐夫这个人，而是爱他的钱。所以，为了能和自己的姐夫在一起，她可谓是费尽心机。见了姐姐便说自己的姐夫在外面玩女人、包二奶，见了姐夫却说她姐姐是怎么的不好，变着法子去贬低自己的亲姐，最后导致姐姐的家庭破裂。当然，她的目的很快达到了，她和姐夫同居了，自己就真过上了有钱人的生活。可毕竟纸包不住火，很快她被当地一位金牌大律师当着她姐夫的面拆穿了。姐姐和姐夫最终又走到了一起，而她竟无法接受现实，最后变得疯疯癫癫……最终的下场可想而知。而她落得如此下场自然也是可想而知……

虽然这只是剧作家虚构的一个剧中角色，一个故事情节。可它在现实生活中却反映了一个现代女性道德缺失后所产生的问题。而问题根源就是很多女性为了达到她们可耻的目的，对他人背后贬损，当面奉承，最后自己也只能落得个被社会所抛弃和唾骂的下场。而自己却不明白为什么会有这样的结果。

俗话说，隔墙有耳。一个人听说别人在赞美自己，总是感觉心花怒放；如果听说别人在贬损自己，肯定会火冒三丈。换位到自己身上想一想，你是不是也很讨厌在背后说你坏话的人呢？我们知道了这个简单的道理，自己就会三思，随时保持必要的沉默。在背后乱评价别人是一种非常坏的习惯，倘若再被他人添油加醋地"告密"，结果往往是自寻麻烦，无端地制造人为烦恼。而作为一个女人，如果在背后议论贬损他人，就会给自己惹来很多祸。

其实如果我们仔细想一想，这是多么的不值得。所以，作为一个现代女性，心态一定要调整好，必须要经常地去赞美别人，而不是随便去贬损别人，赞美别人是多多益善的美德，而贬损别人是得不偿失的行为。

当然我们对人和事进行评判本无可厚非，但偏偏是人前人后是两副嘴脸，两个标准。人前赞美连连，不吝世间溢美之词，背后贬损无度，不惜恶语相向，让人难以接受。据说，西方人往往当面指责他人的错误，背后却赞扬他人的优点，与我们一些人的当面阿谀奉承，背后却百般诋毁相比，这真是了不起的美德。

大道理好像谁都懂，可是，为什么还有那么多人津津乐道于别人的缺点，剖析深层心态，不外乎我们中的一些人，自己没有什么优势特长、良好表现，等发现别人的缺点就大肆宣扬，以此来确立自己的优势。

慢慢我们会发现，认为议论对象统统一无是处、世间没有好人的人，他自己也好不到哪里，他的人品往往也值得怀疑。能在背后赞美他人的人，理解他人的人，他的品行也往往值得我们交口称颂。况且，在背后议论别人的短处，往往让一些别有用心的人，经过添油加醋的篡改，成为陷害你的把柄；在背后夸奖人，也不用担心你的赞美之词不会传到当事人的耳朵里去，从而赢得他人的好感和尊重。

如果自己是一个性情率直之人，当面不会阿谀奉承，人后也往往坦陈己见。平时对一些人或事的评论，被一些别有用心的人改变语境，传到当事人的耳朵里，自然会引起他人的愤恨，最是不值。因此，一定要改掉这种背后议论人的坏习惯，这样才有助于你成为一个现代幸福好女人。

有仁慈之心，无论对谁都不能落井下石

一些女人在自己的利益面前常常心狠手辣，不达到自己的目的不罢休，可是，这样做往往到最后伤害最深的还是她们自己。作为女人，如果能够怀有一颗善良之心，也许生活会更加美好。

小雪和萌萌是一对亲姐妹，唯一不同的是：小时候萌萌是在父母身边长大的，而小雪则是在另一个城市的农村姥姥家长大的，不同的成长环境，使两个人的性格大相径庭。

萌萌虽然是妹妹，单纯的性格让她做什么都怀有一颗仁慈之心，处处能为别人着想。而姐姐小雪却恰恰相反，从小就刁钻刻薄，得理不饶人，还经常为了达到自己的目的去做些坑人、害人的事，甚至对自己的亲妹妹，她都会做出落井下石的事情。就是因为姐妹俩性格的不同，或者说是对人态度的差异，导致了两人最后的结果也是大相径庭。

萌萌温柔可爱，很招男孩子喜欢。在一次朋友聚会上，萌萌认识了一位叫王峰的男孩子，这个男孩英俊潇洒，而且家庭背景也很好。萌萌和王峰自从认识后，两个人就经常在一起聊天、逛书店，有时候他们还会一起出去爬山。随着时间的推移，萌萌和王峰相爱了，整天他们两个人都腻在一起。

妹妹萌萌的幸福在姐姐小雪的眼里就是一种不和谐的音符。小雪因为自己脾气比较暴躁，很不好相处，而且也没有什么男孩追求她，所以，当她看到自己的妹妹拥有那么完美的爱情时，心里极度地不平衡，等见到王峰本人后，小雪被这个温文尔雅的男人深深地吸引了。从那一刻开始，小雪就想从萌萌手中将王峰抢过来。

一开始，小雪在王峰面前老说萌萌的不是，总是将萌萌的缺点、不足一股脑地倒在王峰的面前。而王峰总是不为所动，因为王峰对萌萌的爱胜过一切，又怎么会被这么几句话就轻易地推翻呢？小雪见这种方法不能使王峰"退缩"，就又想了别的办法。

这一次，小雪在得知萌萌和王峰周末要开车去郊外游玩时，她雇人在王峰的汽车上做了手脚，想让王峰开车的时候出点小差错。其实她用这种方法只是想让王峰明白，萌萌是个扫把星，是个不吉利的人。可她怎么也没有想到，那个在王峰汽车上动手脚的人将王峰汽车的刹车直接弄坏了。就这样，周末王峰和萌萌在去郊外的路上出了车祸，虽然王峰没有大的损伤，但萌萌在这场车祸中失去了一条腿。

面对躺在医院病床上的萌萌，小雪心里一点悔改之意都没有，反而更恨萌萌。因为自从萌萌住院后，爸爸妈妈也天天围着萌萌转，还有王峰，总是每天来医院看望萌萌，而且对萌萌的爱有增无减。

小雪这一次彻底发疯了。一天夜里，她主动留下来陪萌萌，让自己的父母还有王峰都回了家。半夜夜深人静的时候，小雪将昏迷中萌萌的吊瓶拔掉，在萌萌挣扎着醒过来的时候，小雪冲着萌萌说："你知道吗？其实王峰并不爱你，他爱的是我。你知道你的腿怎么没有的吗？我告诉你，就是我和王峰合谋在车子上做了手脚，要不然王峰怎么会没有事，而偏偏只有你受伤了。"

有六Q的女人最好命

听到这些话，萌萌快要崩溃了，可是她不相信这会是事实，于是一个劲儿地摇头，小雪看到萌萌不相信自己说的，就冲上前去狠狠地掐住了萌萌的脖子。王峰因为不放心萌萌想回来看看，恰好这一幕被王峰看到，王峰冲上去拉开了小雪。

这时候，王峰和萌萌才知道，原来这所有的一切都是小雪策划的。后来小雪被警察带走了，因为她涉嫌谋杀，被判处3年有期徒刑。

回头想想，这姐妹俩"本是同根生，相煎何太急"啊！可就是这样的事情在生活中却是随处可见，而最后的结果只能是仁爱之心获得了人们的认可，而那些处处落井下石之人也只能是被社会所遗弃，有甚者竟断送了自己的大好前程。

女人活着不能只为自己着想，更要换位思考，站在别人的角度，为别人多想想。不管身居何位，身家多少，干什么事，都要有一颗仁慈的心。一个自私自利的女人如果只为自己着想，总是想着怎么千方百计地算计别人来达到她的目的，到最后可能什么也得不到。

女人的美体现在温柔、善良、大方这些方面，如果一个女人连最起码的仁慈之心都没有了的话，那最终即使得到了自己想要的，又怎么会幸福？又怎么会快乐？而且"仁慈"从古至今就被标榜为是女人所特有的天性。一个女人如果失去了一颗仁慈之心，也就等于失去了她作为女人的所有天性。一个连自己本性都失去的女人，最后的结局只能是悲哀和痛苦。

女人是感性动物，不要因为自己一时的冲动而失去自己仁慈善良的本性。不论是对待感情还是对待事业，都要时刻提醒自己保持一颗仁慈的心，无论是对自己的情敌还是对自己事业上的竞争对手，都不要有落井下石的心理态度，俗话说得好："是你的终究会是你的，不是你的，强求也未必是你的。"只要时刻保持一颗善良仁慈的心，上天也会眷顾你的。